大数据技术与人工智能应用系列

大数据
概论

龙虎 / 主编

U0378561

清华大学出版社

北京

内 容 简 介

本书从初学者易于理解的角度,以通俗易懂的语言、丰富的实例和简洁的图表,将大数据的基本概念、大数据的数据结构、大数据的特征、大数据的关键技术、大数据的计算模式、大数据的采集与存储、大数据的管理、大数据的分析与处理、大数据的可视化、大数据的应用、大数据的发展与展望等进行了系统化的讲解。从基础开始,通过逐步深入的方式,对大数据的核心技术和未来发展趋势进行了详细介绍。书中每章都设有练习题,以便于巩固所学内容。

本书注重实用性,围绕大数据这一主题,采用深入浅出、图文并茂的方式,简明扼要地阐述了大数据关键技术的基本理论及应用,尽可能希望通过理论与实际案例相结合,寻找合适的切入点,让读者对理论知识的掌握更直接、更快速。

本书适合作为本科和职业院校计算机类专业大数据导论课程的教材,也适合对大数据感兴趣的读者和有关技术人员参考使用。

图书在版编目(CIP)数据

大数据概论/龙虎主编. —北京:清华大学出版社,2021.9(2023.7重印)
(大数据技术与人工智能应用系列)
ISBN 978-7-302-57993-9

Ⅰ.①大… Ⅱ.①龙… Ⅲ.①数据处理—概论 Ⅳ.①TP274

中国版本图书馆 CIP 数据核字(2021)第 069037 号

责任编辑:张龙卿
封面设计:范春燕
责任校对:袁 芳
责任印制:朱雨萌

出版发行:清华大学出版社
   网 址:http://www.tup.com.cn,http://www.wqbook.com
   地 址:北京清华大学学研大厦 A 座   邮 编:100084
   社 总 机:010-83470000   邮 购:010-62786544
   投稿与读者服务:010-62776969,c-service@tup.tsinghua.edu.cn
   质量反馈:010-62772015,zhiliang@tup.tsinghua.edu.cn
   课件下载:http://www.tup.com.cn,010-83470410
印 装 者:三河市少明印务有限公司
经 销:全国新华书店
开 本:185mm×260mm 印 张:11 字 数:265 千字
版 次:2021 年 9 月第 1 版   印 次:2023 年 7 月第 3 次印刷
定 价:49.00 元

产品编号:082038-01

前　言

　　大数据概论是了解和学习大数据的基础。本书系统地讲解了大数据的基本概念、大数据的数据结构、大数据的特征、大数据的关键技术、大数据的计算模式、大数据的采集与存储、大数据的管理、大数据的分析与处理、大数据的可视化、大数据的应用、大数据的发展与展望。本书以易学、全面和实用为目的，从基础到应用，系统地介绍了大数据的关键技术和应用。本书共分为8章，主要内容如下。

　　第1章介绍大数据的基本知识，包括大数据的定义、大数据的结构类型、大数据的特征、大数据的关键技术、大数据的计算模式、大数据的应用、大数据的发展、大数据的意义。

　　第2章介绍Hadoop分布式架构，包括Hadoop的由来、Hadoop的优势、Hadoop的特性、Hadoop的应用现状、Hadoop的架构元素、Hadoop的集群系统、Hadoop的开源实现、Hadoop的信息安全、Hadoop的应用领域。

　　第3章介绍大数据采集与存储，包括大数据采集概述、大数据采集的数据来源、大数据的采集方法、分布式存储系统、分布式文件系统、HDFS概述、云存储、数据仓库。

　　第4章介绍大数据管理，包括数据管理概述、数据模型的管理、主数据的管理、元数据的管理、数据质量的管理、数据安全的管理。

　　第5章介绍大数据分析与处理，包括数据分析的概念、数据分析常用工具、数据分析的技术、数据分析的类型、数据分析的流程、数据分析的算法、大数据分析的数据类型、大数据分析的方法、大数据分析的总体框架、大数据分析的应用、大数据处理。

　　第6章介绍大数据可视化，包括数据可视化的概念、数据可视化的类型、数据可视化的目标与作用、数据可视化的主要技术、数据可视化的流程、大数据可视化的方法、大数据可视化的工具、大数据可视化的应用。

　　第7章介绍大数据应用，包括大数据在教育领域的应用、大数据在互联网领域的应用、大数据在金融领域的应用、大数据在通信领域的应用、大数据应用的未来发展趋势。

第8章介绍大数据的发展与展望,包括大数据与云计算、大数据与人工智能、大数据与区块链、大数据安全与隐私保护技术发展前景、大数据未来展望。

为了便于教学,本书提供的PPT课件等教学资源可以从清华大学出版社网站(http://www.tup.com.cn)的下载区免费下载。

由于编者水平有限,书中难免存在疏漏,敬请读者批评、指正。

编　者

2021年2月

目 录

第 1 章　大数据概述

本章要点:
- 大数据的概念
- 大数据的结构类型
- 大数据的特征
- 大数据的关键技术
- 大数据的计算模式
- 大数据的应用
- 大数据的发展
- 大数据的意义

　　大数据是继移动互联网、物联网、云计算之后出现的新流行词语,已成为科技、企业、学术界关注的热点,被人们认为是继人力、资本之后的一种新的非物质生产要素,蕴含着极其巨大的价值。大数据将改变人类社会认识自然和宇宙的方式的广度及深度,大数据科学及相关工具使人类了解和利用自然变得更加全面、更加细化。

　　国际两大权威杂志 *Science* 和 *Nature* 专门出版了有关大数据的专刊,探讨大数据所带来的机遇以及挑战等问题。美国著名的未来学家阿尔文·托夫勒在《第三次浪潮》一书中,将大数据称为第三次浪潮的华彩乐章。大数据给人类社会的发展变化带来了机遇和挑战,人们必须要面对并迎接这些挑战,从中发现机会,抓住机会,利用机会,从而不断地适应和推动社会的发展进步。

1.1　大数据的概念

　　对大数据(big data)这个术语最早的引用可追溯到 Apache 的开源项目 Nutch,当时被用来描述在更新网络搜索引擎时需要同时批量处理或分析大量数据集。目前大数据已成为最流行的 IT 词汇,引领着各个应用领域的新一轮创新浪潮。Lisa Arthur 在《大数据营销》一书中将大数据表述为纷繁杂乱的、互动的应用程序、信息和流程。对于大数据概念的表述,不同的学者和机构给出的定义也不相同,目前比较权威的表述主要有麦肯锡、维基百科、IBM 公司、大数据研究机构高德纳(Gartner)、国际数据中心(IDC)以及美国国家标准技术研究院(NIST)等。多家权威机构针对大数据的数据体量大、数据类型繁多、价值密度低以及速度快等不同特征进行了不同的阐述。

　　尽管多家权威机构对大数据的定义并不相同。但综合多个表述,可以将大数据定义为:

大数据是指海量数据,是数据和大数据技术的综合体,既包括结构化、半结构化数据,还包括非结构化的数据。大数据具有种类繁多的信息价值,无法用目前的主流软件工具在一定的时间内去采取、分析、处理及管理海量的信息。大数据是信息产业持续高速增长的新引擎,在硬件与集成设备领域,大数据将对芯片、存储产业产生重要影响,还催生出一体化数据存储服务器、内存计算等市场。面向大数据市场的新技术、新产品、新服务会不断涌现。在软件与服务领域,大数据将引发数据快速处理分析技术、数据挖掘技术和软件产品的发展。大数据将成为许多行业提高核心竞争力的关键因素,各行各业的决策正在从业务驱动向数据驱动转变。在商业领域,对大数据的分析可以使零售商实时掌握市场动态并迅速做出应对,可以为商家制订更加精准有效的营销策略提供决策支持,可以帮助企业为消费者提供更加及时和个性化的服务。

1.1.1 数据与信息

从计算机科学的角度来看,数据是所有能输入到计算机并被计算机程序处理的符号的总称,是具有一定意义的数字、字母、符号和模拟量的统称。数据的形式具有多样化的特征,数据可以表现为连续的值,如声音和图像等;也可以是离散的,如符号和文字等。在计算机系统中,数据以二进制信息单元 0 和 1 的形式来表示。要保证数据的原始性和真实性,但很多数据通过后期加工才会变得有意义。信息是人们为了某种需求而对原始数据加工重组后所形成的有意义和有用途的数据。

数据与信息既有联系,又有所区别。数据是信息的表现形式和载体;信息是数据的内涵,它会加载于数据之上,并对数据作特定含义的解释。数据与信息是不可分离的,信息依赖数据来体现,数据则生动具体地表达出信息。数据是符号,具有物理性;信息是对数据进行加工处理之后所得到的对决策产生影响的内容,是具有逻辑性和观念性的。数据是信息的表达、载体,信息是数据的内涵,两者是形与质的关系。数据本身没有意义,数据只有对实体行为产生影响时才成为信息。在信息的基础上提炼和总结成具有普通指导意义的内容称为知识;知识可以进一步总结归纳成更普世的规律,可演化为更多的知识来指导客观实践,此时可称为智能。从数据到智能的过程,不仅仅是人们认识程度的提升,同时也是从部分到整体、从描述过去到预测未来的过程。数据、信息、知识和智能的演化过程如图 1.1 所示。

图 1.1 从数据到智能的阶梯

1. 数据

数据是客观对象的表示,是能够客观反映事实的数字和资料。《韦伯斯特大辞典》(*Merriam-Webster Dictionary*)将数据定义为:用于计算、分析或规划某种事物的事实或信息,并由计算机产生或存储。计算机对数据的处理,需要先对数据进行表示和编码,从而衍生出不同的数据类型。数据经过加工就会成为信息。根据数据所刻画的过程、状态和结构的特点,数据可以划分为不同的类型。数据是各种符号或原始事实,如数字、图片、声音、动画以及视频等,数据要经过后期加工才有意义。数据体现的是一种过程、状态或结果的记录,这类记录经过数字化转化后可以被计算机存储和处理。

数据按照表现形式可以分为模拟数据和数字数据。模拟数据主要有声音和图像等;数字数据主要有文字和符号等,如在计算机系统中,数据以二进制信息单元 0 和 1 的形式来表示。

数据按照性质可以分为定位的数据、定量的数据、定时的数据和定性的数据,其中,定位的数据如个人运动轨迹的定位数据、店铺的定位数据等;定量的数据是以数量形式存在的属性,并能够反映事物数量特征的数据,如距离、质量、面积等;定时的数据是反映事物时间特性的数据,如时、分、秒等;定性的数据可以是表示事物属性的数据,如河流和道路等。

2. 信息

信息是对客观世界中各种事物的运动状态和变化的反映,是客观事物之间相互联系和相互作用的表征,是包含在数据之中的能够被人脑理解和进行思维推理的内容,表现的是客观事物运动状态和变化的实质内容。信息一词在我国古代称为消息,而在英文、法文、德文和西班牙文中均是 Information,在日文中为"情报",在我国台湾则称为"资讯"。信息论的创始人克劳德·艾尔伍德·香农(Claude Elwood Shannon)对信息的定义给出了精确的表述,他认为信息是用来消除随机不确定性的东西。控制论的创始人诺伯特·维纳(Norbert Wiener)认为信息是人们在适应外部世界,并使这种适应反作用于外部世界的过程中,同外部世界进行互相交换的内容和名称。信息的特点为:没有大小和质量,容易复制。没有大小是指无论怎样小的空间,都可以存放大量的信息;无论怎样狭窄的通道,都能高速地传递大量的信息。没有质量是指信息没有重量,在处理时不需要能量。容易复制是指信息一旦产生,就很容易复制。

1.1.2　大数据的定义

关于大数据的定义,目前在学术界还未形成统一的标准化表述,比较被人们所接受的有以下几种表述。

大数据研究机构高德纳将大数据定义为:需要新处理模式才能具有更强的决策力、洞察发现力和流程优化能力的海量、高增长率和多样化的信息资产。

国际数据中心将大数据定义为:大数据技术描述了一个技术和体系的新时代,被设计成用于从大规模、多样化的数据中通过高速捕获、发现和分析技术提取数据的价值。

麦肯锡将大数据定义为:大数据指的是其大小超出了传统软件工具的采集、存储、管理和分析等能力的数据集,具有海量的数据、快速的数据处理、多样的数据类型和价值密度低等多个特征。

维基百科将大数据定义为:大数据指的是所涉及资料量的规模庞大到无法通过目前主流的软件工具在合理时间内达到捕获、管理、处理并整理成为帮助企业经营决策更积极目的的资讯。

美国国家标准技术研究院(NIST)将大数据表述为:具有规模大、多样化、时效性和多变性等特性,需要具备可扩展性的计算架构来进行有效存储、处理和分析的大规模数据集。

综上所述,在大数据的定义中除了要关注它规模大、多样性化、时效性和多变性等特性以外,还应关注它需要具备可扩展性的计算架构来进行有效存储、处理和分析。

大数据从本质上来讲,包含速度、数量和类型三个维度的问题。大数据的本质构建如图 1.2 所示,图中的速度主要是指对海量数据的处理速度,可实现海量数据的实时处理;数量是指数据量由 PB 级到 ZB 级;类型主要是指数据种类繁多,已打破了传统的仅仅为结构化数据的范畴,数据的处理还包括了海量半结构化和非结构化数据。

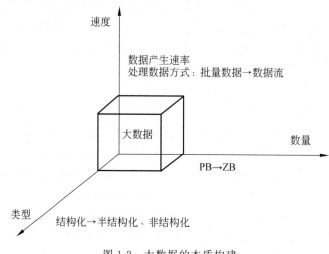

图 1.2　大数据的本质构建

1.2　大数据的结构类型

大数据需要特殊的技术,并利用特殊的数据结构来组织和访问巨大数量的数据,以便有效地处理跨多个服务器和离散数据存储的数据。按照数据是否有较强的结构模式,可将其划分为结构化数据、半结构化数据和非结构化数据,如表 1.1 所示。

表 1.1　结构化数据、半结构化数据、非结构化数据

数据类型	数据形成过程	数 据 特 征	数据模型	不 同 点
结构化数据	先有结构,再有数据	由二维表结构来逻辑表达和实现,严格地遵循数据格式与长度规范,主要通过关系型数据库进行存储和管理	二维表(关系型)	多表现为行数据,存储在数据库里,可以用二维表结构来进行逻辑表达和实现
半结构化数据	先有数据,再有结构	数据结构描述具有复杂性、动态性的特点	树、图	介于完全结构化数据和完全无结构的数据之间
非结构化数据	先有数据,再有结构	数据结构不规则或不完整,没有预定义的数据模型,不方便用数据库二维逻辑表来表现		没有固定的数据结构,且不方便用数据库二维逻辑来表现,如存储在文本文件中的系统日志、文档、图形图像、音频和视频等数据

1. 结构化数据

结构化数据简单来说就是存储在结构化数据库里的数据,可以用二维表结构来逻辑表达并实现,如财务系统、企业 ERP、教育一卡通、政府行政审批等。

2. 半结构化数据

半结构化数据主要是指介于完全结构化数据(如关系型数据库和面向对象数据库中的数据)和完全无结构的数据(如声音、图像文件等)之间的数据。半结构化数据也具有一定的结构,但是不会像关系数据库中那样有严格的模式定义,其数据形成过程是先有数据,再有结构。半结构化数据使用标签来标识数据中的每个元素,通常数据组织成有层次的结构。常见的半结构化数据主要有 XML 文档和 JSON 数据,此外,还有 HTML 文档、电子邮件和教学资源库等。

3. 非结构化数据

非结构化数据主要是指没有固定的数据结构,且不方便用数据库二维逻辑来表现的数据。非结构化数据没有预定义的数据模型,因此,它覆盖的数据范围更加广泛,涵盖了各种文档。如存储在文本文件中的系统日志、文档、图形图像、音频和视频等数据,都属于非结构化数据。

1.3　大数据的特征

大数据的产生方式为主动生成数据,即利用大数据平台对需要分析事件的数据进行密度采样,从而精确获取事件的全局数据。大数据的数据源可以利用大数据技术,并通过分布式文件系统、分布式数据库等技术,对从多个数据源获取的数据进行整合处理。在数据处理方式上,大数据中较大的数据源、响应时间要求低的应用,可以采取批处理方式集中计算;而响应时间要求高的实时数据处理,采用流处理的方式进行实时计算,并通过对历史数据的分析进行数据预测。大数据可以依托云计算的分布式处理、分布式数据库、云存储和虚拟化技术对海量数据进行分析、处理。

大数据是一类反映物质世界和精神世界运动状态和状态变化的资源,具有功能多样性、决策有用性、应用协同性、可重复开采性以及安全风险性等特点。大数据的特征主要可以用 6 个 V 和 1 个 C 来概括,6 个 V 是指 volume(容量)、variety(种类)、velocity(速度)、value(价值)、veracity(真实性)、variability(可变性),1 个 C 是指 complexity(复杂性)。大数据的特征如图 1.3 所示。

1. 容量

容量主要是指数据量大,来源的渠道多。大数据通常是指 1PB(1PB＝1024TB)以上的数据。数据体量巨大是大数据的主要特征。根据著名的咨询机构 IDC 的估测,人类社会产生的数据一直都在以每年 50% 的速度增长,也就是说,每两年就增加一倍,这被称为"大数

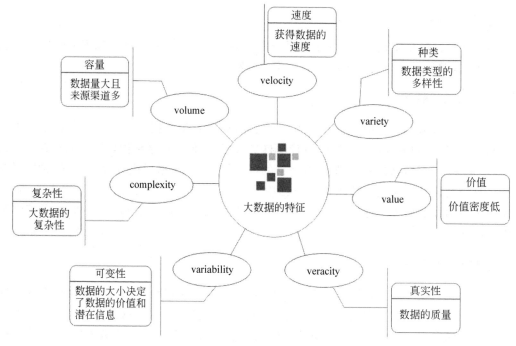

图 1.3 大数据的特征

据摩尔定律"。

2. 种类

种类是指数据类型的多样性,并表示所有的数据类型。除了结构化数据外,大数据还包括各类半结构化数据和非结构化数据,如电子邮件、办公处理文档、互联网上的文本数据、点击流量、文件记录、位置信息、传感器数据、音频和视频等。大数据的类型按照时效性还可分为在线实时数据和离线非实时数据;按照数据来源可分为个人数据、商业服务数据、社会公共数据、科学数据、物质世界数据、教育数据、医疗数据等;按照关联特性又可分为关联型数据和非关联型数据;按照数据类型则又可分为语音、图片、文字、动画、视频等类型。由于大数据来源的种类具有多样性和异构性的特点,因而会使后期海量数据的存储、分析、处理、查询及管理等变得更加困难,需要借助专业的大数据分析与软件处理工具才可解决。

3. 速度

速度是指获得数据的速度。大数据的计算处理速度是可用性和效益性的一个重要衡量指标,大数据的时效性要求对数据的处理能够做到实时和快速。要达到这一目标,要求使用的硬件平台能够及时更新换代,并将分布式计算、并行计算、软件工程以及人工智能等技术应用到其中。

4. 价值

价值是指价值密度低。互联网充斥着大量重复和虚假的信息,通常有价值的信息较为分散,密度很低。大数据的价值具备稀疏性、多样性和不确定性等特点。许多数据采集和存储系统要求能够快速访问大数据的历史版本数据,要求备份数据的保存期限更长,但备份的时间不断缩短,甚至很多数据需要在线备份和实时对故障进行恢复等。大数据的安全维护对存储资源、计算资源、网络资源等提出了极高的性能要求。应合理利用大数据,并以低成本创造高价值。

5. 真实性

真实性是指数据的质量。数据真实性指数据中的内容与真实世界是紧密相关的,因此,研究大数据就是要从海量的网络数据中提取出能够解释和预测现实事件的过程。随着网络数据、社交数据、电信数据、医疗数据、金融数据、教育数据以及电商数据等新兴数据源的兴起,传统数据源的局限性被打破,多个行业和领域需要有效和真实的信息来确保数据的真实性和质量。数据的真实性和质量是获得真知和思路的最重要因素,是成功制订决策最坚实的基础。

6. 可变性

可变性是指数据的大小决定了所考虑数据的价值和潜在信息。可变性也指由于大数据具有多层结构,因此会呈现出多变的形式和类型。由于大数据的可变性、不规则以及模糊不清的特性,会导致无法用传统软件来对海量数据进行分析与处理。

7. 复杂性

复杂性是指大数据比较复杂,这是由于大数据的数据量较大且来源渠道较多,这是有别于传统数据的根本。大数据的复杂性主要表现在结构的复杂性、类型的复杂性和内在模式的复杂性等多个方面,从而使大数据的采集、分析与处理等变得困难。

1.4　大数据的关键技术

大数据时代,大数据技术在全世界范围内发展迅猛,全球学术界、工业界以及各国政府都给予了大数据高度的关注和重视,掀起了一场可与 20 世纪 90 年代的信息高速公路相提并论的发展热潮。大数据技术已被多国政府提升到国家重大发展战略的高度。大数据是未来的"新石油",将大数据上升为国家发展战略,将会给未来的科技与经济发展带来重大影响。如美国政府在 2012 年由总统奥巴马签署了大数据研究发展创新计划(big data R&D initiative),并投资两亿美元启动大数据技术和工具研发。英国、法国、德国以及日本等国家随后也纷纷推出了相应的大数据发展战略计划。大数据巨大的应用需求和隐含的深度价值极大地推动了大数据技术的快速发展,促进了大数据所涉及的各个技术层面和系统平台方面的长足发展。

大数据主要有 7 个关键技术,主要包括大数据采集技术、大数据预处理技术、大数据存储和管理技术、大数据处理技术、大数据分析和挖掘技术、大数据可视化技术、大数据安全和加密技术。

1. 大数据采集技术

大数据采集技术将分布在异构数据源或异构采集设备上的数据通过清洗、转换和集成技术,存储到分布式文件系统中,成为数据分析、挖掘和应用的基础。大数据采集技术是获取有效数据的重要途径,是大数据应用的重要支撑。大数据采集技术是在确定用户目标的基础上,针对该范围内所有结构化、半结构化和非结构化数据进行采集并处理。大数据采集技术与传统数据采集技术有很大的不同,传统数据采集的数据来源较为单一,数据量相对较小,但大数据采集的数据来源比较广泛且数据量巨大。传统数据采集的数据类型及结构简单;大数据采集的数据类型丰富,除了包括结构化数据,还包括半结构化数据和非结构化数据。传统数据采集中的数据处理使用关系型数据库和并行数据仓库,大数据采集中的数据处理使用分布式数据库。

2. 大数据预处理技术

大数据的多样性决定了通过多种渠道获取的数据种类和数据结构都非常复杂,这就给之后的数据分析和处理带来了极大的困难,通过大数据的预处理这一步骤,将这些结构复杂的数据转换为单一的或便于处理的结构,为后面的数据分析与处理打下良好的基础。

大数据预处理技术主要是指完成对已接收数据的辨析、抽取、清洗、填补、平滑、合并、规格化及检查一致性等操作。因获取的数据可能具有多种结构和类型,数据抽取的主要目的是将这些复杂的数据转化为单一的或者便于处理的结构,以达到快速分析处理的目的。要实现对巨量数据进行有效的分析,需要将来自前端的数据导入到一个集中的大型分布式数据库或分布式存储集群里,且能够在导入的基础上做一些简单的清洗和预处理。

大数据预处理的方法主要包括数据清洗、数据集成、数据变换和数据归约。数据清洗是在汇聚多个维度、多个来源、多种结构的数据之后,对数据进行抽取、转换和集成加载;数据集成是将大量不同类型的数据原封不动地保存在原地,而将处理过程适当地分配给这些数据;数据变换是将数据转换成适合挖掘的形式,并采用线性或非线性的数学变换方法,将多维数据压缩成较少维数的数据,消除它们在时间、空间、属性及精度等特征表现方面的差异;数据归约是从数据库或数据仓库中选取并建立使用者感兴趣的数据集合,然后从数据集合中过滤掉一些无关、有偏差或重复的数据。

3. 大数据存储和管理技术

大数据存储和管理技术的主要目标是用存储器把采集到的数据存储起来,建立相应的数据库,并进行管理和调用。大数据存储是数据处理架构中进行数据管理的高级单元,其功能是将按照特定的数据模型把组织起来的数据集合进行存储,并提供独立于应用数据的增加、删除、修改能力。

4. 大数据处理技术

大数据处理技术是对海量的数据进行处理,主要的处理模式有批处理模式和流处理模式。批处理模式是先存储后处理,如谷歌公司在 2004 年提出的 MapReduce 编程模型就是典型的批处理模式。流处理模式与批处理模式不同,采用的是直接处理。流处理模式的基本理念是数据的价值会随着时间的流逝而不断减少,因此,要尽可能快地对最新的数据做出分析并给出结果。流处理模式将数据视为流,将源源不断的数据组成数据流,当新的数据到来时就立即处理并返回所需要的结构。需要采用流处理模式的大数据应用场景包括传感器网络、金融中的高频交易和网页点击数的实时统计等。

5. 大数据分析和挖掘技术

大数据时代,随着 5G 移动技术、在线学习、深度学习、人工智能、物联网、机器学习和云计算、移动计算、分布式计算、并行计算、批处理计算、边缘计算、流计算、图计算以及区块链等新技术的不断涌现,教育、科研、医疗、通信和电商等多个领域数据量的增加呈现出几何级数增长的态势,激增的数据背后隐藏着许多重要的信息,如何对其进行更加智能的分析,以便更好地利用这些数据挖掘出其背后隐藏的有价值的信息,是当前研究的热点问题。

(1) 大数据分析。大数据分析是大数据处理的核心,只有通过分析才能获取更多智能的、深入的和有价值的信息。大数据的分析方法在大数据领域比较重要,是决定最终信息是否有价值的关键,利用数据挖掘进行数据分析常用的方法主要有分类、回归分析、聚类、关联规则等。大数据分析的数据源除了传统的结构化数据,还包括半结构化和非结构化数据,针对不同的数据源可采用数据抽取、统计分析以及数据挖掘等多个步骤来进行分析与处理,以快速挖掘出有用信息,洞悉出数据价值。

(2) 大数据挖掘。主要从以下 6 个方面进行介绍。

① 数据挖掘。数据挖掘(data mining,DM)是数据库知识发现中的一个步骤,是指通过算法从大量的数据中搜索出隐藏于其中的信息的过程。数据挖掘又称为数据库中的知识发现(knowledge discover in database,KDD),就是从大量的、不完全的、有噪声的、模糊的甚至随机的实际应用数据中,提取出隐含在其中的、人们事先不知道的但又潜在有用的信息和知识的过程。数据挖掘所挖掘的知识类型包括模型、规律、规则、模式和约束等。数据挖掘方法利用了来自多个领域的技术思想,如来自统计学的抽样、估计和假设检验、来自人工智能、模式识别和机器学习的搜索算法、建模技术及学习理论,来自包括最优化、进化计算信息论、信号处理、可视化和信息检索等方面的相关方法。

数据挖掘是一种决策支持过程,主要是基于人工智能、机器学习、模式识别、统计学、数据库和可视化等技术,自动分析企业的数据,做出归纳性的推理,从中挖掘出潜在的模式,为决策者调整市场策略及减少风险并做出正确的决策提供知识支持。数据挖掘的一般流程为:定义问题→数据准备→确定主题→读入数据并建立模型→挖掘操作→结果表达和解释。其中,定义问题是数据挖掘过程的第 1 个步骤,清晰地定义出业务的问题,认清数据挖掘的目的,是数据挖掘的重要一步。数据准备是数据挖掘的第 2 个步骤,可分为 3 个子步骤,分别为数据集成、数据选择以及数据预处理。数据集成将多文件或多数据库运行环境中的数据进行合并处理,解决语义模糊性,处理数据中的遗漏等;数据选择的目的是辨别出需要分析的数据集合,缩小处理范围,提高数据挖掘的质量;数据预处理是为了克服数据挖掘工具的局限性,提高数据质量,同时将数据转换成为一个适用于特定挖掘算法的分析模型。确定主题是数据挖掘过程的第 3 个步骤;读入数据并建立模型是继确定主题后的第 4 个步骤,主要是指在确定输入的数据之后,再用数据挖掘工具读入数据并从中构造出一个模型。

挖掘操作是数据挖掘的第5个步骤,是在前面的准备工作完成后,利用选好的数据挖掘工具在数据中查找。数据挖掘的最后一个步骤是结果表达和解释,即根据最终用户的决策目标对提取出的信息进行分析,把最有价值的信息区分出来,并通过决策支持工具交给决策者。

数据挖掘的任务主要有4种,分别为聚类分析、预测建模、关联分析和异常检测。聚类分析旨在发现紧密相关的观测值组群,使得与属于不同簇的观测值相比,属于同一簇的观测值相互之间尽可能类似,这也是将物理或抽象对象的集合分组成为由类似的对象组成的多个类的分析过程;聚类分析主要针对的数据类型包括区间标度变量、二元变量、标称变量、序数型变量、比例标度型变量以及由这些变量类型构成的复合类型。预测建模主要是以说明变量函数作为目标变量来建立模型。关联分析是用来发现描述数据中强关联特征的模式。异常检测是识别特征显著区别于其他数值的观测值。

数据挖掘的功能是指定数据挖掘任务的发现模式,可以将这些任务分为描述性的和预测性的。描述性数据挖掘可用于刻画目标数据的一般性质;预测性数据挖掘在当前数据上进行归纳,以便做出预测。常见的数据挖掘功能包括聚类、分类、关联分析、数据总结、偏差检测和预测等。其中,分类和预测可以作为预测性任务,其他的可以作为描述性任务。

数据挖掘运用的技术主要有统计学、机器学习、数据库与数据仓库、信息检索以及可视化。统计学主要研究数据的收集、分析、解释和标识;机器学习主要考查计算机如何基于数据学习;数据库与数据仓库主要是指数据挖掘能够利用可伸缩的数据库技术,以便获得在大型数据集上的高效率和可伸缩性;信息检索是指搜索文档或文档中信息的技术,其中,文档可以是结构化文本数据或非结构化多媒体数据,并且可能驻留在Web上;可视化是指数据的采集、提取和理解是人类感知和认识世界的基本途径。

② 大数据挖掘方法。大数据挖掘与传统数据挖掘有很大不同,大数据挖掘是在一定程度上降低了对传统数据挖掘模型以及算法的依赖,降低了因果关系对传统数据挖掘结果精度的影响,能够在最大程度上利用互联网上记录的用户行为数据进行分析。大数据挖掘方法主要有数据预处理技术、关联规则挖掘、分类、聚类分析、孤立点挖掘、数据演变分析、社会计算、知识计算、深度学习和特异群组挖掘等。其中,数据预处理技术能够有效提高数据挖掘的质量,进行异常数据清除,使其格式标准化;关联规则挖掘能够使项与项之间的关系在数据集中易于发现;分类是找出一组能够描述数据集合典型特征的模型,以便能够分类识别未知数据的归属或类别;聚类分析便于将观察到的内容分类编制成类分层结构,把类似的时间组合在一起;孤立点挖掘通常又称为孤立点数据分析,孤立点可以使用统计试验检测,是数据挖掘中的主要方法;数据演变分析是指对随时间变化的数据对象的变化规律和趋势进行建模描述;社会计算是由Schuler提出的,是大数据挖掘的新方法;知识计算是当前比较新的一种大数据挖掘方法;深度学习主要应用在计算机视觉、自然语言处理和生物信息学等方面,是当前研究的热点,是比较新的一种数据挖掘方法;特异群组挖掘是一种比较好的大数据挖掘方法,该挖掘方法可以应用在智能交通、生物医疗以及银行金融等多个领域。大数据挖掘方法如图1.4所示。

大数据时代,多源异构数据不断涌现,通过利用新的大数据挖掘方法(如特异群组挖掘和孤立点挖掘等),可以有效地实现数据挖掘,挖掘出数据背后隐藏的有用的价值信息。

③ 大数据挖掘类型。大数据挖掘类型主要有流数据挖掘、空间数据挖掘以及Web数据挖掘等多个类型。流数据挖掘是大数据挖掘类型中较为常见的一种类型,流数据挖掘主

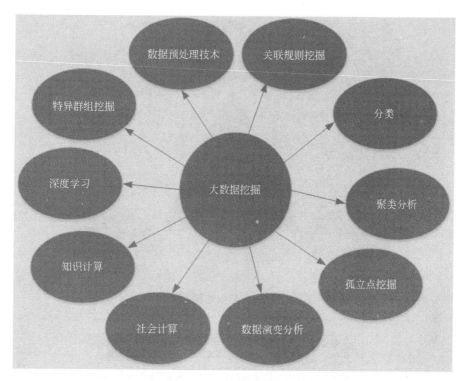

图 1.4　大数据挖掘方法

要应用于零售交易中的流数据挖掘、股票市场的流数据挖掘、移动车辆的监控和信息提取的流数据挖掘等。空间数据挖掘不同于流数据挖掘,空间数据挖掘也称为基于空间数据库的数据挖掘,它作为数据挖掘的一个新的分支,是在空间数据库的基础之上,综合利用统计学、模式识别、人工智能、神经网络、粗糙集、模糊数学、机器学习和专家系统等技术和方法,从海量的空间数据中分析获取可信的、新颖的、趣味性的、隐藏的、事先未知的、潜在有用的以及最终可理解的知识。空间数据挖掘的体系结构主要有 3 层,分别为数据源层、挖掘器层以及用户界面层。其中,数据源层是指利用空间数据库或数据仓库管理系统提供的索引、查询优化等功能获取和提炼问题领域相关的数据,或直接存储在空间数据立方体中的数据,这些数据可称之为数据挖掘的数据源;挖掘器层利用空间数据挖掘系统中的各种数据挖掘方法分析被提取的数据;用户界面层使用多种方式将获取的信息和发现的知识以便于用户理解和观察的方式反映给用户,用户对发现的知识进行分析和评价,并将知识提供给空间决策人员使用。Web 数据挖掘主要是传统数据在互联网领域的应用,可从海量的和无结构化的网络数据中挖掘出有价值的信息。大数据挖掘类型如图 1.5 所示。

　　④ 大数据挖掘流程。大数据挖掘处理的基本流程为大数据采集、大数据存储、ETL、大数据计算、大数据分析与挖掘、大数据可视化等多个步骤。大数据挖掘处理流程图如图 1.6 所示。

　　大数据挖掘处理流程图中,大数据的采集是指接收来自客户端的数据,用户可以对这些数据做一些简单的查询和处理工作。在大数据的采集过程中,较突出特点是并发数据较多,因此,需要在采集端部署海量数据库才能够支撑,其代表工具为 Flume、Kafka、Logstash、

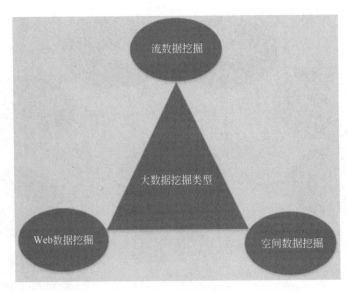

图 1.5　大数据挖掘类型

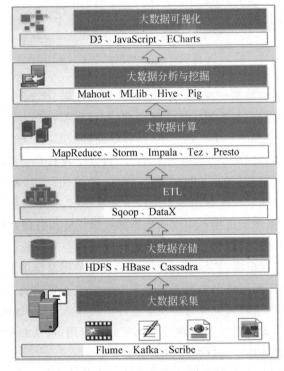

图 1.6　大数据挖掘流程

Kibana 以及 Scribe 等。

　　大数据存储是针对不同类型的数据进行存储,针对结构化的数据可以采用 SQL,针对非结构化数据可以采用 NoSQL,此外,还有革新化的结构化方案 NEWSQL。但随着数据的增多,传统的存储方式很难满足需求,因此,针对海量数据可以通过扩展和封装 Hadoop 来实现对互联网海量数据进行存储,其代表工具主要有 HDFS、HBase、Cassadra 等。HDFS 是 Hadoop 体系中数据存储管理的基础,HBase(hadoop database)是一个适合于存储非结构化的数据库。

ETL(extract transform load,数据仓库技术)是指将业务系统的数据经过抽取和转换后,加载到数据仓库的过程。主要的 ETL 工具有 Sqoop 和 DataX 等。

大数据计算主要是指海量数据的计算,主要体现在数据的快速统计和分析上。统计与分析主要利用分布式数据库或者分布式计算机群来对存储于其内的海量数据进行分析和汇总,常见的工具有 MapReduce、Storm、Impala、Tez 和 Presto 等。

大数据分析与挖掘和传统的数据挖掘有很大区别,大数据平台下,海量的数据对数据挖掘的时效性提出了更高要求。常用的工具有 Mahout、MLlib、Hive 和 Pig 等。

大数据可视化常用的工具有 D3、JavaScript 和 ECharts 等。大数据挖掘处理不同于传统的数据处理,大数据挖掘处理更加注重整体数据的处理而不是抽样数据,并十分注重效率和最终效果。

⑤ 大数据挖掘工具。大数据挖掘工具常用的有 Rapid Miner、Python、Teradata、Oracle Data Mining、IBM SPSS Modeler、KNIME、Kaggle、Rattle 和 Weka 等。Rapid Miner 是当前较为先进的大数据挖掘工具,能够提供数据挖掘技术和库,能够进行文本挖掘和多媒体挖掘,主要应用在银行、保险、制造业、零售业和通信业等;Python 大数据挖掘工具不同于 Rapid Miner 工具,Python 是一种跨平台的计算机程序设计语言,其具有可移植性、面向对象、可扩展性、可嵌入性等特点,主要应用于教育、数学、人工智能和统计等多个领域;Teradata 大数据挖掘工具能够基于客户需求,提供较为全面和有效的解决方案,所具有的特点是成熟优化程序、并行化和自动分发等,主要应用于银行及财务、制造业、零售业、电信业、保险业以及运输业等;Oracle Data Mining 大数据挖掘工具具有精准的预测和大数据挖掘功能,能够提供强大的数据挖掘算法,主要应用于电信行业和石化行业;IBM SPSS Modeler 大数据挖掘工具具有数据挖掘与统计功能,其特点是可以自动进行数据准备和具有成熟的预测分析模型,主要应用于电信业和保险业;KNIME 是一款功能强大的大数据挖掘工具,其特点是可以用数据流的形式进行数据挖掘并且能够支持其他开源工具,其主要应用于社会网络分析、医疗以及电商等领域;Kaggle 大数据挖掘工具主要应用于机器学习、公共管理以及文化娱乐等领域;Rattle 大数据挖掘工具是一款功能完善的可视化数据挖掘工具,其特点是基于 R 语言的数据挖掘,其主要应用于公共管理等领域;Weka 也是一款不错的大数据挖掘工具,可基于 Java 环境进行开源的数据挖掘,其主要应用于银行和医学等领域。

大数据挖掘工具的比较如表 1.2 所示。

表 1.2　大数据挖掘工具的比较

大数据挖掘工具	功　能	特　点	应用领域
Rapid Miner	提供数据挖掘技术和库	拖曳建模,建立图形用户界面的互动原型	银行、保险、制造业、零售业和通信
Python	数据挖掘	可移植,面向对象,可扩展,可嵌入,速度快	教育、数学处理、网络爬虫、人工智能、科学计算和统计
Teradata	大规模数据挖掘	优化程序,并行化,自动分发	银行及财务、制造业、零售业、电信业、保险业、运输业

大数据挖掘工具	功　能	特　　点	应 用 领 域
Oracle Data Mining	数据挖掘,准确的预测	能够提供强大的数据挖掘算法	电信行业、石化行业
IBM SPSS Modeler	数据挖掘与统计	自动化的数据准备,成熟的预测分析模型	电信行业、保险行业
KNIME	数据挖掘	可以用数据流的形式进行数据挖掘,可支持其他开源工具	社会网络分析、医疗、电商
Kaggle	数据挖掘	托管数据库	机器学习、公共管理、文化娱乐
Rattle	可视化数据挖掘	基于R语言的数据挖掘工具	公共管理
Weka	数据挖掘,数据处理,可视化	基于Java环境下开源的数据挖掘	银行、医学

⑥ 大数据挖掘技术应用。大数据挖掘技术在多个领域都有应用,如电子商务的数据挖掘、交通领域的数据挖掘、零售业的数据挖掘、银行业的数据挖掘、证券业的数据挖掘、邮政业的数据挖掘、移动通信领域的数据挖掘、教育领域的数据挖掘、生物医学领域的数据挖掘以及气象预报中的数据挖掘等。大数据挖掘技术应用领域如图1.7所示。

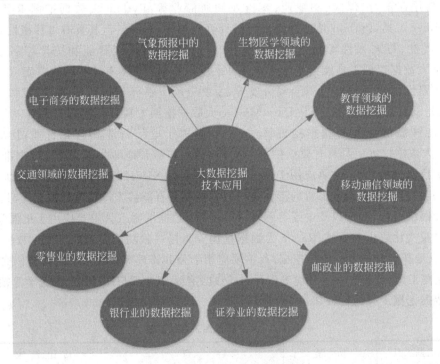

图1.7　大数据挖掘技术应用领域

大数据分析与数据挖掘是从海量数据中提取更加本质和更加有用的规律性信息的重要手段,是挖掘智能和有价值信息的重要抓手。大数据时代,随着多源异构数据不断增长,海量数据呈现出数据量大、种类繁多、增速较快以及隐藏价值大等特征,激增的数据背后隐藏着许多重要的信息,通过智能分析才能从数据中获取深入的、智能的和有价值的信息。借助大数据挖掘才能在一定程度上降低对传统数据挖掘模型以及算法的依赖,降低因果关系对传统数据挖掘结果精度的影响。大数据智能分析与数据挖掘在未来会有十分良好的发展前景。

6. 大数据可视化技术

大数据可视化是将数据以不同的视觉表现形式展现在不同的系统中,包括相应信息单位的各种属性和变量。数据可视化是关于图形或图形格式的数据展示。数据的可视化展示,提高了解释信息的能力。数据可视化可将复杂的数据转换为容易理解的方式传递给受众,为人们提供了从阅读局部信息到纵观全局信息,从表面到本质,从内容到结构的有力工具。其演化过程是从文本到树和图,再到多媒体,以便最大限度地利用人们的多通道、分布式认知功能以及形象思维功能。数据可视化致力于通过交互可视界面来进行分析、推理和决策。大数据可视化技术为大数据分析提供了一种更加直观的挖掘、分析与展示手段,有助于发现大数据中蕴含的价值及其规律。

7. 大数据安全和加密技术

(1) 大数据安全。大数据安全是计算机系统安全的核心部分之一。大数据安全主要包括数据处理安全和数据存储安全。数据处理安全主要是指在数据处理过程中,如数据的输入、查询和统计等过程中,因遭遇外界的攻击而导致数据损坏、丢失甚至数据泄漏等安全问题;数据存储安全主要是指数据库在系统运行之外的安全性,如数据库的入侵、数据存储设备的破坏等。

大数据安全的关键技术主要有数据加密技术、身份认证技术和访问控制技术等。数据加密技术是指将原始信息利用加密密钥和加密算法转化成密文的技术手段,是保证数据安全的有效手段;身份认证技术是保证大数据安全的一个重要技术,通过身份认证,可以确定访问者的权限,明确其能够获取的数据信息类别和数量,确保数据信息不被非法用户获取、篡改和破坏;访问控制技术是指通过某种途径和方法准许或限制用户的访问权限,从而控制系统关键资源的访问,防止非法用户入侵或合法用户误操作造成的破坏,保证关键数据资源被合法和受控制地使用。数据安全和隐私保护是指在确保大数据被良性利用的同时,通过隐私保护策略和数据安全等手段,构建大数据环境下的数据隐私和安全保护。

(2) 大数据安全的应对策略。大数据安全的应对策略主要包括大数据存储安全策略、大数据应用安全策略、大数据管理安全策略等。

大数据存储安全策略指大数据的安全存储采用虚拟化海量存储技术来存储数据资源,涉及数据传输、隔离和恢复等问题,通过数据加密,分离密钥,加密数据,使用过滤器以及数据备份等多种方法,解决大数据的安全存储。

大数据应用安全策略主要从防止 APT 攻击,用户访问控制,整合工具和流程,数据实时分析引擎等方面着手,将大数据和用户设定为不同的权限等级,对用户访问进行严格的控制,通过周密整合相关工具和流程,确保大数据应用安全处于大数据系统的顶端,同时从大数据中挖掘出黑客攻击、非法操作、潜在威胁等各类安全事件,发出警告响应,有效地保证大数据应用安全。

大数据管理安全策略主要包括规范化建设,建立以数据为中心的安全系统及融合创新等。规范化建设可以促进大数据管理过程的正规有序,实现各类信息系统的网络互联,并进行数据集成及资源共享,使资源处于同一安全规范框架下。此外,还可以通过建设一个基于异构数据为中心的安全系统,从系统管理上保证大数据的安全。融合创新是以智慧创新理念融合大数据与云计算,以智能管理与聚合平台为基础,提升数据流量规模、层次及内涵,在大数据流中提升知识价值及洞察力,积极创造大数据公司融合平台,寻找数据洪流大潮中新的立足点,尤其是在数据挖掘、人工智能、机器学习等新技术的创新应用中融合创新。

(3)数据加密。数据加密是一个利用加密密钥并通过加密算法将明文信息转换成密文信息的处理过程,收到密文的接收方利用解密密钥并通过解密算法将密文还原成明文。大数据加密有别于传统的数据加密,大数据加密主要的处理方式为数据采样和分而治之。数据采样主要是为了使数据加密处理更有针对性,通常采用数据采样方法,收集关键信息的数据域,客观上会将数据规模变小,以加快处理速度;分而治之,则主要是利用分布式计算技术将大数据分别在不同的计算机上进行加密处理,从而能够有效提高大数据加密的速度。

1.5 大数据的计算模式

大数据计算是发现信息,挖掘知识,满足应用的必要途径,也是大数据从收集、传输、存储、计算到应用等整个生命周期中最关键、最核心的环节。只有有效的大数据计算,才能满足大数据的上层应用需要,才能挖掘出大数据的内在价值,才能使大数据具有意义。常用的大数据计算模式主要有批处理计算(MapReduce、Hadoop、Spark)、查询分析计算(HBase、Hive、Dremel、Cassandra、Impala Shark、HANA)、图计算(Pregel、Graph、Trinity、GraphX PowerGraph)、流式计算(Scribe、Flume、Storm、S4、Spark Streaming)、迭代计算(Twister、Spark)、内存计算(Spark、HANA、Dremel)等。针对大数据处理多样性的需求,可以采用不同的计算模式,并应用与大数据计算模式相对应的大数据计算系统和工具。

大数据计算模式是指根据大数据的不同数据特征和计算特征,从多样性的大数据计算问题和需求中提炼并建立的各种高层抽象和模型。大数据计算模式如表1.3所示。

表 1.3　大数据计算模式

大数据计算模式	关 键 技 术	存 储 体 系	计 算 模 型	计 算 平 台	代 表 产 品
批处理计算	Pig/ZooKeeper/Hive/ HDFS Mahout Yarn	GFS HDFS/ NoSQL	MapReduce	Hadoop/Azure/ InfoSphere	MapReduce
流式计算	Tuple/Bolt/Topology	HDFS GFS	流计算模型	Storm/S4	Storm/S4
迭代计算	Spark	Twister	基于内存的 RDD 数据集模型	Spark	Spark
交互式计算	Hash 表、列存储结构	GFS HDFS/ NoSQL	MapReduce+算法	Hadoop/ Google	Dremel/ Drill/ PowerDrill

1.5.1　批处理计算

批处理计算是作为数据分析工作中比较常见的一类数据处理,其关键技术主要有 Pig、ZooKeeper、Hive、HDFS Mahout Yarn,主要针对的是大规模数据的批量处理。MapReduce 大数据批处理技术最典型的作用是用来执行大规模数据的处理任务,可用于大规模数据集的并行计算。MapReduce 计算模式作为一个主流的计算模式,可以进行大数据线下批处理,是一种支持分布式计算环境的并行处理,采用的是分治策略,即将一个大数据集分割为多个小尺度子集,然后让计算机程序靠近每个子集,同时并行完成计算处理。MapReduce 编程界面简单易用,能够在普通商业计算机集群上有效地处理超大规模数据,是当前大数据计算的一个主流计算模式,有力地推动了大数据技术以及应用的快速发展。

1.5.2　流式计算

流式计算(stream computing)是一种处理实时动态数据的计算模型,它主要是针对流数据的实时计算。流式计算能够对来自不同数据源和连续到达的数据流进行实时处理,通过实时分析处理,给出有价值的分析结果。流式计算的关键技术为 Tuple/Bolt/Topology,存储体系为 HDFS 和 GFS,采用的计算模型主要是流计算模型。流式计算的代表性产品主要有 Storm、S4、IBM InfoSphere Streams 和 IBM StreamBase 等,此外,还有百度开发的通用实时流数据计算系统 DStream 以及淘宝开发的通用流数据实时计算系统。

流式计算系统一般要达到高性能、海量式、实时性、分布式、易用性和可靠性等多种需求。高性能主要是处理大数据的基本要求方面。海量式主要是支持的数据规模可以达到 PB 级或 PB 级以上。实时性主要是延迟时间可以达到秒级别,甚至是毫秒级别。分布式主要是支持大数据的基本架构,必须能够平滑扩展。易用性主要是指能够快速进行开发和部署。可靠性主要是指能够可靠地处理流数据。流式计算的数据处理流程图如图 1.8 所示。

流式计算的数据处理流程一般有数据实时采集、数据实时计算以及实时查询服务 3 个阶段。数据实时采集是流式计算的数据处理流程中的一个阶段,该阶段通常采集多个数据源的海量数据,需要保证实时性和稳定可靠性。数据采集系统的基本架构一般有 Agent 和 Collector 以及 Store 3 个部分。Agent 主要是采集数据,并将采集到的数据推送到 Collector 部分;Collector 可以接收多个 Agent 的数据,并且实现有序和可靠以及高性能的转发;Store 负责存储 Collector 转发来的数据。数据实时计算是流式计算的数据处理流程中的另一个阶段,该阶段主要是对采集到的数据进行实时的分析和计算。实时查询服务是流式计算的数据处理流程中的第 3 个阶段,经由流式计算框架得出的结果可供用户进行实时查询、展示以及存储。

1.5.3　迭代计算

迭代计算的关键技术为 Spark,存储体系为 Twister,计算模型为基于内存的 RDD 数据集模型。其典型代表产品为 Spark,是大数据计算模式中常用的计算模式之一。内存计算

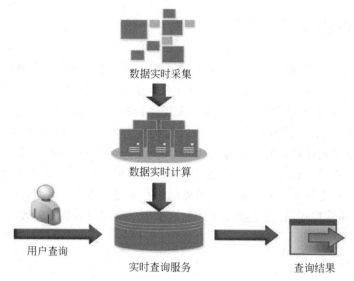

图 1.8　流式计算的数据处理流程图

的关键技术为内存数据库、列存储格式以及读写分离,存储体系为集中式存储,计算模型为大内存计算,典型代表产品有 HANA 等。当前服务器可配置的内存容量不断提高,其内存的价格也在不断下降,采用内存计算快速完成海量数据的处理已经成为大数据计算的一个主流趋势。

1.5.4　交互式计算

交互式计算的关键技术为 Hash 表和列存储结构,存储体系主要有 GFS、HDFS、NoSQL 等。其计算模型为 MapReduce＋算法,计算平台为 Hadoop、Google 等,典型的代表产品有 Dremel、Drill 以及 PowerDrill 等。

1.6　大数据的应用

大数据价值的体现关键在于大数据的应用。联合国在 2012 年发布的大数据白皮书《大数据促发展:挑战与机遇》中指出:大数据时代已经到来,大数据的出现将会对社会各个领域产生深刻影响。美国大数据企业帕兰提尔(Palantir)公司通过对电话、网络邮件、卫星影像等进行大数据分析,协助美国中央情报局(CIA)获取基地组织的准确位置信息,以帮助美军捕杀基地恐怖分子。亚马逊推出了“未下单,先调货”计划,利用大数据分析技术,对网购数据的关联性进行挖掘分析,在用户尚未下单前预测其购物内容,提前将包裹发至转运中心,缩短配送时间。2013 年被称为中国大数据元年,各行各业开始高度关注大数据的研究及应用。大数据的应用行业和领域比较广泛,如教育、能源、电信、餐饮、金融、汽车、零售、安全领域、体育娱乐、生物医学、物流等行业都已经融入了大数据的印迹。

1.7　大数据的发展

大数据的发展主要经历了 4 个阶段,分别为萌芽阶段、突破阶段、成熟阶段和大规模应用阶段。大数据的发展阶段如图 1.9 所示。

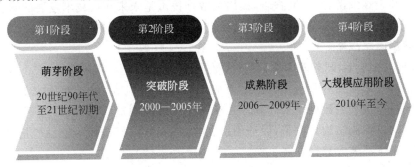

图 1.9　大数据的发展阶段

1. 萌芽阶段

大数据发展的萌芽阶段主要是在 20 世纪 90 年代至 21 世纪初期。在萌芽阶段,关系型数据库技术广泛应用,数据仓库技术以及数据挖掘相关理论日趋成熟,商务智能工具被重视并开始在大型企业业务应用中出现。

2. 突破阶段

大数据发展的突破阶段主要集中在 2000—2005 年。在突破阶段,互联网应用基本普及,尤其是基于 Web 2.0 技术的社交网络应用迅猛发展,产生了海量的非结构化数据,传统的数据库以及数据处理技术难以应对,流媒体技术以及分布式计算等大数据基础理论和技术不断涌现。

3. 成熟阶段

大数据发展的成熟阶段主要集中在 2006—2009 年。在成熟阶段,谷歌发表的关于分布式文件系统 GFS、分布式计算系统框架 MapReduce 以及分布式数据库 BigTable 等相关论文,标志着大数据技术开始突破。2008 年,*Nature* 杂志推出了大数据专刊,随后云计算、大规模数据并行运算算法以及开源分布式架构 Hadoop 开始成为学界和业界研究的重点,并逐渐成熟。

4. 大规模应用阶段

大数据发展的大规模应用阶段主要是在 2010 年至今。在大规模应用阶段,大数据技术开始转向应用研究,并且与云计算、物联网以及人工智能等新技术相呼应。大数据技术开始在商业、科技、医疗、政府、教育、经济以及交通等社会各个领域大规模应用。2011 年,

Science 杂志推出专刊《处理数据》,讨论了科学研究中的大数据问题。同年,维克托·迈尔·舍恩伯格出版著作《大数据时代:生活、工作与思维的大变革》。2011 年 5 月麦肯锡研究院发布《大数据:创新、竞争和生产力的下一个新领域》的研究报告,对大数据进行了全方位的介绍,并对未来的发展进行了展望。2012 年 3 月,美国政府发布《大数据研究和发展倡议》,启动了大数据发展计划。大数据发展计划被视为信息高速公路计划之后,美国在信息科学领域的又一重大国家发展战略。2013 年 5 月,麦肯锡研究院发布《颠覆性技术:技术改变生活、商业和全球经济》的研究报告,提出大数据技术是未来新兴技术发展的基石。此后,美国、日本以及欧盟等国家都相继制定了促进大数据产业发展的政策,积极构建大数据生态,实施大数据国家战略。

国内方面,2015 年,国务院印发《促进大数据发展行动纲要》国发〔2015〕50 号,强化顶层设计,全面推进大数据发展和应用,并在"互联网+""中国制造 2025"等国家战略中强化大数据的融合应用,推动大数据与云计算、"互联网+"、智能制造、智慧城市等新技术、新业务协同发展,推动供给侧结构性改革,促进创新创业,将大数据打造成为推动经济社会发展的重要驱动力,系统部署大数据发展工作。

2016 年 2 月 25 日,国家发展和改革委员会(以下简称国家发展改革委)、工业和信息化部、中共中央网络安全和信息化委员会办公室(以下简称中央网信办)3 个部门联合批复同意贵州省建设国家大数据(贵州)综合试验区,该试验区将围绕数据资源管理与共享开放、数据中心整合、数据资源应用、数据要素流通、大数据产业集聚、大数据国际合作、大数据制度创新 7 项主要任务开展系统性试验,通过不断总结可借鉴、可复制、可推广的实践经验,最终形成试验区的辐射带动和示范引领效应。2016 年 10 月,另外 7 个国家级大数据综合试验区也获得了国家发展改革委、工业和信息化部和中央网信办 3 个部门联合批复,是继贵州之后第二批获批建设的国家级大数据综合试验区,分别为:京津冀大数据综合试验区、珠三角国家大数据综合试验区、上海国家大数据综合试验区、河南省国家大数据综合试验区、重庆国家大数据综合试验区、沈阳国家大数据综合试验区和内蒙古国家大数据综合试验区。国家级大数据综合试验区如表 1.4 所示。

表 1.4　国家级大数据综合试验区

获得批复时间	试验区名称	批复部门	试验区所在地
2016 年 2 月	国家大数据(贵州)综合试验区	国家发展改革委、工业和信息化部和中央网信办	贵州
2016 年 10 月	京津冀大数据综合试验区	国家发展改革委、工业和信息化部和中央网信办	京津冀
2016 年 10 月	珠三角国家大数据综合试验区	国家发展改革委、工业和信息化部和中央网信办	珠三角
2016 年 10 月	上海国家大数据综合试验区	国家发展改革委、工业和信息化部和中央网信办	上海
2016 年 10 月	河南省国家大数据综合试验区	国家发展改革委、工业和信息化部和中央网信办	河南
2016 年 10 月	重庆国家大数据综合试验区	国家发展改革委、工业和信息化部和中央网信办	重庆

续表

获得批复时间	试验区名称	批　复　部　门	试验区所在地
2016 年 10 月	沈阳国家大数据综合试验区	国家发展改革委、工业和信息化部和中央网信办	沈阳
2016 年 10 月	内蒙古国家大数据综合试验区	国家发展改革委、工业和信息化部和中央网信办	内蒙古

国家大数据综合试验区的设立,将在大数据制度创新,公共数据开放共享,大数据创新应用,大数据产业聚集,大数据要素流通,数据中心整合利用,大数据国际交流合作等方面进行试验探索,推动我国大数据创新发展。此外,中国工业和信息化部于 2017 年 1 月发布了《大数据产业发展规划(2016—2020 年)》,对于国家实施大数据战略和推动大数据健康发展起到了很好的作用。2018 年,中国国际大数据产业博览会在贵阳市举行,汇集了全球的大数据领域专家和业界的精英,具体探讨了关于大数据行业发展的现状和趋势。

大数据结合智能计算进行智能分析,会成为未来大数据发展的主要方向。大数据结合人工智能、深度学习、机器学习、生物计算、量子计算、知识发现以及数据挖掘等,使得数据的处理速度和质量获得极大的提升,能够快速和实时地处理海量数据。未来大数据技术会沿着异构计算、批流融合、云化、兼容 AI、内存计算等方向持续更迭,5G 和物联网的应用更加成熟,又将带来海量视频和物联网数据,支持这些数据的处理也会是大数据技术未来发展的方向。

1.8　大数据的意义

大数据的意义在于可以通过人类日益普及的网络行为附带生成,并被相关部门、企业所采集,蕴含着数据生产者的真实意图和喜好,其中包括结构化数据、半结构化数据和非结构化数据。大数据的意义主要表现在利用大数据进行精准预测分析与数据挖掘,利用大数据激发创造力,利用大数据促进医疗与健康,利用大数据促进学习等多个方面。大数据是一个事关国家经济社会发展全局的战略性产业,大数据技术为社会经济活动提供决策依据,提高各个领域的运行效率,提升整个社会经济的集约化程度,对于经济社会发展转型具有重要的推动作用。

大数据对企业的影响和意义是能够帮助企业了解客户,帮助企业锁定资源,帮助企业规划生产,帮助企业开展服务。结合各种传统企业数据对大数据进行分析和提炼,带给企业更深入透彻的洞察力。正确的数据分析可以帮助企业做出明智的业务经营决策,促进企业决策流程,增进企业的资讯整合与资讯分析的能力。大数据还可在病毒疫情防控等方面发挥很好的作用,可进行监测分析,病毒溯源,防控救治,资源调配提供支撑,发挥大数据优势。

大数据是信息产业持续高增长的新引擎,面向大数据市场的新技术、新产品、新服务、新业态会不断涌现。在硬件与集成设备领域,大数据对芯片、存储产业产生重要影响,还将催生出一体化数据存储处理服务器、内存计算等市场;在软件与服务领域,大数据将引发数据快速处理分析技术、数据挖掘技术和软件产品的发展。大数据利用将成为提高核心竞争力的关键因素,各行各业的决策正在从业务驱动向数据驱动转变,在商业领域,对大数据的分析可以使零售商实时掌握市场动态并迅速做出应对,可以为商家制定更加精准有效的营销策略提供决策支持,可以帮助企业提供更加及时和个性化的服务;在医疗领域,可以提高诊断准确性和药物有效性;在公共事业领域,大数据开始发挥促进经济发展和社会稳定方面的作用。

在大数据时代,科学研究的方法将会发生重大变化,研究人员通过实时监测,跟踪研究对象在互联网上产生的行为数据,进行挖掘分析,揭示出规律性,提出研究结论和对策。大数据超大规模的数量,对数据存储、数据分析与处理、计算模型、应用软件和系统等都提出了全新的挑战,并对已有计算模式、理论和方法产生深远影响,此外,大数据还对人类活动的社会、经济变革和个人生活变革等方面也产生了重要影响。

在经济方面,大数据已经成为驱动经济发展的新引擎和推动经济转型发展的新动力;在社会方面,大数据成为提升政府治理能力的新途径,社会安全保障的新领地;在科研方面,大数据成为科学研究的新途径。对网络信息空间大数据的挖掘和应用将创造出巨大的商业和社会价值,并催生科学研究模式的变革,对国家经济发展和安全具有战略性、全局性和长远意义,是重塑国家竞争优势的新机遇。

练 习 题

一、填空题

(1)大数据是指_____,是_____和_____的综合体,既包括_____、_____,还包括_____,具有种类繁多的信息价值,无法用目前的主流软件工具,在一定的时间内,去采取、分析处理及管理,高速海量的信息资产。

(2)大数据结构类型有_____、_____、_____。

二、选择题

(1)大数据的特征有( )。

    A. 数据量巨大   B. 数据类型多样

    C. 处理速度快   D. 价值密度低

(2)大数据的挖掘工具有( )。

    A. Rapid Miner   B. Python

    C. Teradata   D. KNIME

三、简答题

(1)大数据的关键技术有哪些?

(2)大数据的计算模式有哪些?

(3)大数据的应用领域有哪些?

第 2 章　Hadoop 分布式架构

本章要点：

- Hadoop 概述
- Hadoop 的架构元素
- Hadoop 的集群系统
- Hadoop 的开源实现
- Hadoop 的信息安全
- Hadoop 的应用领域

Hadoop 是基于 Java 语言开发的，以分布式文件系统和分布式计算框架 MapReduce 为核心的开源框架，它可以使用户在不了解分布式底层细节的情况下开发分布式程序，充分利用集群的威力进行高速运算和存储，具有高可靠性、高可扩展性、高效性、高容错性以及低成本等多个优点，能够为用户提供细节透明的系统底层分布式基础架构。

2.1　Hadoop 概述

Hadoop 能有效地处理海量的数据，并具有提供存储的能力，同时，可以整合多台计算机的资源，提供数据分散运算，在极短的时间内即可完成运算工作，并且能够自动保留数据副本，提高数据的可靠性和延展性。

Hadoop 分布式文件系统可对数据进行切割并制作副本备份，然后分散存储于不同的计算机或者服务器上，实现对数据的迅速存取，还可备份于不同的硬件中，以防止数据损坏。Hadoop 分布式文件系统（hadoop distributed file system，HDFS）和 Hadoop 分布式计算处理架构（MapReduce）为 Hadoop 架构的两个核心部分。HDFS 基于流式数据访问，可有效地存储和处理超大文件，支持多硬件平台，数据一致性高，能有效地预防硬件失效，支持移动计算。HDFS 的存储策略是把大数据文件分块并存储在不同的计算机节点上，通过 NameNode 管理文件分块存储信息。Hadoop 分布式计算处理架构包括两部分，即 Map 和 Reduce。Map 主要用于对数据进行分散计算；Reduce 主要整合 Map 计算后的结果，并提供分布式的数据平行处理分析。除了两个核心的部分，根据 Hadoop 所延伸的其他项目，现已发展成为一个生态系统。

Hadoop 生态系统主要包括 ZooKeeper、Avro、HBase、MapReduce、Sqoop、Pig、Hive、Mahout、Hadoop 分布式文件系统等。ZooKeeper 主要提供分布式应用处理的高效率协同服务；Avro 主要提供有效的跨程序语言远程过程调用的数据串化系统；HBase 是以字段为基础的分布式数据库系统,用于存储海量数据,提供快速的数据读取与写入;Sqoop 主要实现数据能在关系数据库与 HDFS 之间高效转换;Pig 主要提供海量数据集的处理与执行;Hive 主要用于分布式仓储,提供类似 SQL 的查询语言以查询数据;Mahout 提供数据分析所需的机器学习与数据挖掘链接库。

MapReduce 是一种面向海量数据并行处理的计算模型和框架,用于大规模数据集的并行运算。MapReduce 采用分治法的概念,将运算任务分割为许多小的任务后个别处理,最后再进行汇总。MapReduce 利用映射(map)和归约(reduce)的思想,主要应用在大规模的算法图形处理和文字处理方面。

2.1.1 简介

Hadoop 是一个很好的分布式系统基础框架,其核心思想起源于谷歌公司发表的两篇关于 GFS 和 MapReduce 的论文。Hadoop 是一个让用户轻松架构和使用的分布式计算的平台,Hadoop 解决了大数据存储和大数据分析问题。Hadoop 框架核心构成主要包括分布式文件系统(HDFS)、分布式计算系统(MapReduce)以及分布式资源管理系统(YARN)等,如图 2.1 所示。

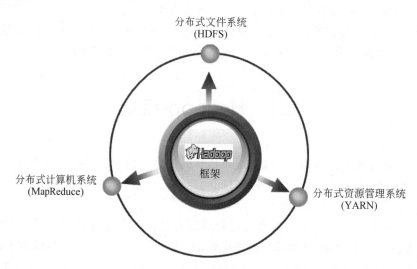

图 2.1　Hadoop 框架核心构成

Hadoop 框架核心构成中,HDFS 可进行海量数据的存储,具有较高的稳定性。MapReduce 是一种分布式编程模型,用于大规模数据集的并行运算,可将复杂的、运行于大规模集群上的并行计算过程高度抽象为 Map 和 Reduce 两个函数。MapReduce 可为编程工作提供极大的便利,编程人员在不会分布式并行编程的情况下,能够迅速将自己的程序运行在分布式系统上,以完成海量数据集的计算。YARN(yet another resource negotiator)是随着 Hadoop 的快速发展而催生的新框架,能够为运行在 YARN 之上的分布式应用程序提供统一的资源管理和调度。

2.1.2　Hadoop 的由来

Hadoop 起源于 2002 年 Doug Cutting 和 Mike Cafarella 开发的 Apache Nutch 项目。Nutch 是一个开源 Java 实现的搜索引擎，Doug Cutting 主要负责开发大范围的文本搜索库。Nutch 能够提供运行搜索引擎的工具，包括 Web 爬虫和全文搜索。2004 年，Hadoop 最初的版本（称为 HDFS 和 MapReduce）由 Doug Cutting 和 Mike Cafarella 开始实施。2006 年 2 月开始，Apache Hadoop 项目正式启动，以便支持 MapReduce 和 HDFS 的独立发展。2010 年 5 月，HBase 脱离 Hadoop 项目，成为 Apache 顶级项目。2010 年 9 月，Pig 和 Hive 脱离 Hadoop，成为 Apache 顶级项目。2011 年 12 月，Hadoop 1.0.0 版本发布，标志着 Hadoop 已经初具生产规模。2013 年 10 月，发布 Hadoop 2.2.0 版本。2016 年，发布 Hadoop 3.0（Alpha 版本）。2017 年 12 月，Apache Hadoop 3.0.0 GA 版本正式发布，该版本比 2016 年推出的版本更加稳定，有着很大的改进，可以支持 EC，支持多于 2 个的 NameNodes。Apache Hadoop 3.0.0 GA 版本的推出标志着 Hadoop 正式进入快速发展阶段。2019 年 9 月，发布 Apache Hadoop 3.2.1 版本，该版本为当前较新的版本。

Hadoop 的版本可分为 3 代，其中，第 1 代 Hadoop 称为 Hadoop 1.0，第 2 代 Hadoop 称为 Hadoop 2.0，第 3 代 Hadoop 称为 Hadoop 3.0。目前最新的版本是 Hadoop 3.2.1。第 3 代 Hadoop 包含多个版本，分别为 3.0.0、3.1.2、3.1.3、3.2.0、3.2.1、3.x，Hadoop 的版本如表 2.1 所示。

表 2.1　Hadoop 的版本

Hadoop 版本	版本名称	版本号	包含内容	推出时间/年
第 1 代	Hadoop 1.0	Hadoop 1.x	HDFS、MapReduce	2011
第 2 代	Hadoop 2.0	Hadoop 2.x	HDFS、MapReduce、YARN	2012
第 3 代	Hadoop 3.0	Hadoop 3.x	HDFS、MapReduce、YARN	2016

2.1.3　Hadoop 的优势

Hadoop 能够以一种高可靠和高效的方式进行海量数据处理，是一个能够让用户轻松架构和使用的分布式计算平台，其主要优势体现在数据提取、变形和加载等方面。Hadoop 可以运行在一般商业机器构成的大型集群上，或者是阿里云等云计算服务上。Hadoop 通过增加集群节点，可以线性地扩展以处理更大的数据集，同时，在集群负载下降时，也可以减少节点以提高资源使用效率。Hadoop 允许用户快速编写出高效的并行分布式代码。

Hadoop 的分布式架构，将大数据处理引擎尽可能地靠近存储。Hadoop 的 MapReduce 功能实现了将单个任务打碎，并将碎片任务（Map）发送到多个节点上，之后再以单个数据集的形式加载（Reduce）到数据仓库里。

2.1.4 Hadoop 的特性

Hadoop 是一个能够对海量数据进行分布式处理的软件框架，可以高效地存储和管理海量数据，此外，用户可以轻松地在 Hadoop 上开发和运行处理海量数据的应用程序。Hadoop 主要具有以下多个特性。

- 高可靠性。Hadoop 具有按位存储和处理数据的能力。
- 高扩展性。Hadoop 的设计目标是可以高效稳定地运行在廉价的计算机集群上，可以扩展到数以千计的计算机节点上。
- 高效性。Hadoop 能够在节点之间动态地移动数据，并保证各个节点的动态平衡，处理速度非常快。
- 高容错性。Hadoop 能够自动保存数据的多个副本，并且可以自动将失败的任务进行重新分配。
- 低成本。Hadoop 采用廉价的计算机群，成本较低，普通用户可以用自己的 PC 搭建 Hadoop 运行环境。
- 支持多种编程语言。Hadoop 上的应用程序可以使用其他语言编写，如 C++ 等。
- 运行在 Linux 平台上。Hadoop 是基于 Java 语言开发的，可以很好地运行在 Linux 平台上。

2.1.5 Hadoop 的应用现状

Hadoop 的应用也较为广泛，主要应用在互联网、电信、电子商务、银行和生物制药等多个领域。目前 Hadoop 已经成为大数据处理和系统平台的主流，其成功的应用，获得了用户的肯定和支持。

1. 国外 Hadoop 的应用现状

国外方面，如 IBM、eBay、Facebook 和 Yahoo 等都有利用 Hadoop 来处理海量数据，其中，IBM 蓝云利用 Hadoop 来构建云基础设施，eBay 利用 MapReduce 的 Java 接口、Pig 以及 Hive 来处理大规模的数据，利用 HBase 来进行搜索优化和研究。Facebook 利用 Hadoop 存储内部日志与多维数据，并以此作为报告、分析和机器学习的数据源。Yahoo 拥有全球最大的 Hadoop 集群，其机器总节点数目超过 42 000 个，有超过 10 万个核心 CPU 在运行 Hadoop，主要用于支持广告系统与网页搜索。

2. 国内 Hadoop 的应用现状

国内利用 Hadoop 的公司主要有百度、阿里巴巴、腾讯、网易、华为、京东和中国移动等。其中，百度利用 Hadoop 可以进行日志的存储和统计、网页数据的分析和挖掘、商业分析、在线数据反馈、网页聚类等。阿里巴巴的 Hadoop 集群大约有 3200 台服务器，可为淘宝、天猫、聚划算和支付宝等提供底层的基础计算和存储服务。腾讯是较早使用 Hadoop 的公司之一，其集群机器总量超过 5000 台，能够为腾讯各个产品线提供基础云计算和云存储服务。

网易利用 Hadoop 来实现数据存储服务。华为的 FusionInsight 大数据平台是一个海量数据处理与服务平台,集 Hadoop 生态发行版、大规模并行处理数据库以及大数据云服务于一体的数据处理平台,具有端到端的解决方案。京东利用 Hadoop 搭建的京东大数据平台,是一个基于电子商务全产业链大数据的创新服务平台,主要包括电子商务产业链上下游数据资源的采集和整合,人工智能及人机交互等关键技术的突破,创新创业服务产品的开发,面向多行业、多领域的数据资源的共享双赢,宏观经济决策的支持等方面,形成了大数据跨领域、跨行业的应用。中国移动利用 Hadoop 建设的大云 Hadoop 数据平台(BC-Hadoop)、大云大数据仓库系统(BC-HugeTable)、大云大数据运营管理平台(BC-BDOC)等,是中国研发的通用且提供端到端大数据处理能力的大数据平台。

2.2　Hadoop 的架构元素

Hadoop 是一个用 Java 语言实现的 Apache 开源框架,能够存储、处理和分析海量数据。Hadoop 是分析和处理大数据的软件平台,采用的是 MapReduce 分布式计算框架,能够充分利用集群来实现高速运算和存储。Hadoop 生态系统整体架构由多个部分构成,如图 2.2 所示。

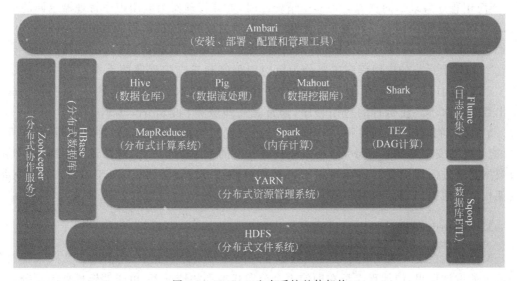

图 2.2　Hadoop 生态系统整体架构

1. HDFS

HDFS 是分布式文件系统的简称,是 Hadoop 生态系统中的核心项目之一,是分布式计算中数据存储管理的基础。HDFS 是使用 Java 实现的、分布式的、可横向扩展的分布式文件系统。HDFS 可存储超大文件,采用流式数据访问模式,运行于 x86 服务器上。HDFS 可以容忍硬件出错,在某个节点发生故障时,可以及时由其他正常节点继续向用户提供服务。

2. YARN

YARN 是一种新的 Hadoop 资源管理器,是 Apache 新引入的子模块,其基本设计思想是将 MapReduce 中的 JobTracker 拆分成了两个独立的服务(资源管理和作业调度、监控),主要方法是创建一个全局的 ResourceManager(RM)和若干个针对应用程序的 ApplicationMaster(AM)。YARN 是一个通用资源管理系统,能够为上层应用提供统一的资源管理和调度,可以让上层的多种计算模型(如 MapReduce、Hive、Spark 等)共享整个集群资源,提高集群的资源利用率,以实现多种计算模型之间的数据共享。

YARN 的架构主要由资源管理器(resource manager)、节点管理器(node manager)、应用程序管理器(application master)和相应的容器(container)等部分所组成。资源管理器是一个全局的资源管理器,负责整个系统的资源管理和调度;应用程序管理器主要是与资源管理器协商获取资源,应用程序管理器将得到的资源分配给内部具体的任务,应用程序管理器负责与节点管理器通信以启动或停止具体的任务,并监控该应用程序所有任务的运行状态;节点管理器作为 YARN 主从架构的从节点,是整个作业运行的一个执行者,节点管理器是每个节点上的资源和任务管理器,它会定时向资源管理器汇报本节点的资源使用情况和各个容器的运行状态,并且节点管理器接收并处理来自应用程序管理器的容器启动和停止等请求;容器是对资源的抽象,封装了节点的多维度资源,如封装了内存、CPU、磁盘和网络等,当应用程序管理器向资源管理器申请资源时,资源管理器为应用程序管理器返回的资源就是一个容器,得到的资源任务只能使用该容器所封装的资源,容器是根据应用程序需求动态生成的。

YARN 上运行的应用程序主要分为短应用程序和长应用程序两大类。短应用程序是指一定时间内可运行完成并正常退出的应用程序,如 MapReduce 作业等;长应用程序是指不出意外时永不终止运行的应用程序,通常是一些服务,如 Storm Service、HBase Service 等。YARN 可以统一管理多种计算框架,其主要优点是对 JobTracker 的资源消耗有所减少,能够更加安全地让监测每一个 Job 子任务状态的程序分布式化,此外还有运维成本低以及数据共享方便等优点。YARN 的核心思想是将 JobTracker 和 TaskTracker 进行分离,其架构分为两类,分别为集中式架构和双层调度架构。

3. MapReduce

MapReduce 是一种可用于大规模数据处理的分布式计算框架,它借助函数式编程及分而治之的设计思想,使编程人员在即使不会分布式编程的情况下,也能够轻松地编写分布式应用程序并运行在分布式系统之上。MapReduce 主要用于大规模数据集的并行运算,其本质是处理海量半结构化数据集合的一种编程模型,是一个分布式的程序架构,将运算任务分割为许多小的任务后个别处理,之后再做加总。MapReduce 把一个复杂的问题分解成处理子集的子问题,并将操作分为 Map 和 Reduce 两个过程。Map 是对子问题分别进行处理,得出中间结果;Reduce 是把子问题处理后的中间结果进行汇总处理,得出最终结果。此外,Map 和 Reduce 中每个过程的输入与输出都采用程序对,程序开发人员需要编写 Map 函数与 Reduce 函数,作为大量数据集运算任务的平行处理。

MapReduce 是一个并行程序运行的软件框架,它能自动完成计算任务的并行化处理,自动划分计算数据和计算任务,在集群节点上自动分配、执行任务以及收集计算结果,将数据分布式存储、数据通信、容错处理等并行计算涉及很多系统底层的复杂细节问题都交由 MapReduce 软件框架统一处理,大幅地减少了软件开发人员的负担。MapReduce 采用 Master/Slave 的架构,主要包括 4 个部分,分别为客户端(client)、作业管理器(job tracker)、任务管理器(task tracker)和任务(task)。MapReduce 的优点是易于编程,有良好的扩展性、高容错性。MapReduce 能够通过一些简单的接口实现,完成一个分布式程序的编写,而且这个分布式程序能够运行在由大量廉价的服务器组成的集群上。良好的扩展性方面,当计算资源不能得到满足的时候,可以通过简单地增加机器数量来扩展集群的计算能力。高容错性方面,MapReduce 设计的初衷是使程序能够部署在廉价的商用服务器上,这就要求具有高的容错性。MapReduce 是一个基于集群的高性能并行计算平台,基于它所编写出来的应用程序能够运行在由上千个商用机器组成的大型集群上,并以可靠的方式并行处理 PB 级别的数据集。

4. Spark

Spark 是美国加州大学伯克利分校的 AMP 实验室所开发的开源的类 Hadoop MapReduce 的通用并行框架,Spark 可以支持针对 Java 语言和 Scala 语言的编程,属于美国伯克利大学的研究项目。Scala 是一种类 Java 的面向对象编程语言,无缝地结合了函数式编程和命令式编程的风格。Spark 是基于内存计算的大数据并行计算框架,这种基于内存计算的特性提高了在大数据环境下数据处理的实时性,同时,也保证了高容错性和可伸缩性,允许用户将 Spark 部署在大量的廉价硬件上形成集群,提高了并行计算能力。

Spark 具有运行速度快,易用,支持复杂查询,实时的流处理以及容错性等诸多特点。其中运行速度快方面,Spark 是基于内存计算,因此,速度要比磁盘计算快很多;此外,Spark 程序运行是基于线程模型,以线程的方式运行作业,要比进程模式运行作业资源开销小;Spark 框架内部有优化器,可以优化作业的执行,提高作业执行效率。易用方面,主要是指 Spark 支持 Java、Python 和 Scala 的 API,还支持超过 80 种高级算法,使用户可以快速构建不同的应用。Spark 支持复杂查询,在简单的 Map 和 Reduce 操作之外,Spark 还支持 SQL 查询、流式计算、机器学习和图计算等。Spark 支持实时流计算,Spark Streaming 主要用来对数据进行实时处理。Spark 引进了弹性分布式数据集 RDD(resilient distributed dataset),它是分布在一组节点中的只读对象集合。在对 RDD 进行转换计算时,可以通过 CheckPoint 方法将数据持久化,从而实现容错。

Spark 架构采用了分布式计算中的 Master/Slave 模型。Master 是对应集群中的含有 Master 进程的节点,Slave 是集群中含有 Worker 进程的节点。Master 作为整个集群的控制器,负责整个集群的正常运行,Worker 是计算节点,接收主节点命令并进行状态汇报。Spark 集群在生产环境中主要部署在安装有 Linux 系统的集群中,在 Linux 系统中安装 Spark 集群需要预先安装 JDK、Scala 等所需的环境。

Spark 的部署模式主要有 3 种,分别为 Standa Lone 模式、Spark on Mesos 模式、Spark on YARN 模式。Standa Lone 模式下,Spark 自带了完整的资源调度管理服务,可以独立部署到集群中,且不需要依赖其他系统来为其提供资源管理调度服务。Spark on Mesos 模式是 Spark 官方推荐的一种模式,因 Mesos 与 Spark 存在一定联系,所以 Spark 运行在 Mesos

上比运行在 YARN 上更加灵活自然。Spark on YARN 模式是 Spark 的部署模式中的一种,YARN 是在 Hadoop 中引入的集群管理器,可以实现多种数据处理框架运行在一个共享的资源池上,且通常安装在与 HDFS 主节点相同的物理节点上。YARN 集群上运行 Spark 的意义非凡,可以让 Spark 在存储数据的节点上运行,以快速访问 HDFS 中的数据。

Spark 有着丰富的组件,可以适用于多种复杂的应用场景,如 SQL 查询、机器学习和图形计算以及流式计算等。Spark 当前的应用范围较为广泛,如国内的阿里巴巴、腾讯、网易、百度等公司都在其大数据平台中使用了 Spark 技术,主要将其用于实时数据分析,文本分析,音乐推荐,视频推荐以及广告的精准推送等。

5. TEZ

TEZ 是一个运行在 YARN 之上的下一代 Hadoop 查询处理框架,可适用于 DAG (directed acyclic graph,有向无环图)应用。TEZ 是 Apache 最新的能够支持 DAG 作业的开源框架,它可以将多个有依赖的作业转换为一个作业从而大幅提升 DAG 作业的性能。Hadoop 传统上是一个大量数据批处理平台,但是,有很多用例需要近乎实时的查询处理性能,还有一些工作则不太适合 MapReduce,例如机器学习。TEZ 的目的就是帮助 Hadoop 处理这些用例场景。TEZ 项目的目标是支持高度定制化,这样它就能够满足各种用例的需要,让人们不必借助其他的外部方式就能完成自己的工作。如果 Hive 和 Pig 这样的项目使用 TEZ 而不是 MapReduce 作为其数据处理的骨干,那么将会显著提升它们的响应时间。

6. Hive

Hive 是一个基于 Hadoop 的数据仓库工具,可以将结构化的数据文件映射为数据库表,可为 Hadoop 提供简单的 SQL 查询功能。Hive 的操作本质是将类 SQL 语句转换为 MapReduce 程序。Hive 的组件主要包括 HCatalog 和 WebHCat,其中,HCatalog 用于管理 Hadoop 的表和元数据,这样用户可以使用不同的数据处理工具来更轻松地在网格上读取和写入数据。WebHCat 是 HCatalog 的 REST(representational state transfer,表现状态传输)接口,可以使用户通过安全的 HTTPS 协议执行操作。Hive 中的数据全部存储在 HDFS 上由 Hive 指定的目录中。Hive 可以用来进行数据提取、转化和加载,是一种能够存储、查询和分析存储在 Hadoop 中的大规模数据的机制。Hive 使用类 SQL 的查询语句 HQL 进行查询,通过将 HQL 语句功能转化为 Hadoop 集群上 MapReduce 步骤的工作,能够提高分布式数据的计算效率。

Hive 是构建在 Hadoop 之上的一个开源的数据仓库分析系统,主要用于存储和处理海量结构化数据,这些海量数据一般存储在 Hadoop 分布式文件系统之上。Hive 可以将其上的数据文件映射为一张数据库表,赋予数据一种表结构。Hive 中没有定义专门的数据格式,数据格式可以由用户指定,用户定义数据格式需要指定 3 个属性,分别为列分隔符、行分隔符和读取文件数据的方法。由于在加载数据的过程中不需要进行从用户数据格式到 Hive 定义的数据格式的转换,因此,Hive 在加载的过程中不会对数据本身进行任何修改,而只是将数据内容复制或者移动到相应的 HDFS 目录中。Hive 建立在集群上,利用 MapReduce 进行并行计算,能够支持海量数据的处理。Hive 是一种底层封装了 Hadoop 的数据仓库处理工具,使用类 SQL 的 HiveQL 语言实现数据查询,所有 Hive 的数据都会存储在 Hadoop 兼容的文件系统中。Hive 的优点主要有 4 个方面：一是 Hive 适合大数据的批量处理，解决了传统关系型数据库在大数据处理上的瓶颈；二是 Hive 构建在 Hadoop 之上，充分利用了集群的存储资源、计算资源，实现并行计算；三是 Hive 支持标准的 SQL 语法，免去了编写 MapReduce 程序的过程，并减少了开发成本；四是具有良好的扩展性，且能够与其他组件结合使用。

7. Pig

Pig 是一种数据流语言和运行环境，主要用于检索海量的数据集。Pig 提出了在处理大数据时更高级的抽象层次，添加了数据嵌套及多值等情况，丰富了处理时的数据结构，从而解决了许多 MapReduce 难以实现的数据转换问题。Pig 主要包括两个部分，第一个部分是表达数据流的 Pig Latin 语言，第二个部分是 Pig Latin 语言的运行环境。通过 Pig 进行数据查询时，Pig Latin 语言会在后台自动生成一系列 MapReduce 操作，而这个过程对程序开发人员是不可见的，这使得程序开发人员能够把注意力放在数据及业务本身而不是数据转换和处理上，从而简化了开发过程中的 MapReduce 操作。Pig 是一个高级过程语言，还可以用 Hadoop 和 MapReduce 平台来查询大型半结构化数据集。

8. Mahout

Mahout 是 Apache Software Foundation(ASF) 旗下的一个开源项目，是一个支持数据挖掘与机器学习的工具，主要支持推荐挖掘、聚集、分类和频繁项集挖掘。其中，推荐挖掘是搜集用户动作并以此给用户推荐可能喜欢的事物；聚集是指收集文件并进行相关文件分组；分类是指从现有的分类文档中学习，寻找文档中的相似特征，并为无标签的文档进行正确的归类；频繁项集挖掘是指将一组项分组，并识别哪些个别项会经常一起出现。

9. Shark

Shark 是开源的分布式和容错内存分析系统，也是一个 Spark 组件，能够安装在与 Hadoop 相同的集群上。Shark 能够兼容 Hive，支持 HiveQL、Hive 数据格式和用户自定义功能。

10. HBase

HBase 是 Hadoop 上的一个高可靠、高性能、面向列、可伸缩的非关系型的分布式数据库，主要是用来存储非结构化和半结构化的松散数据。HBase 属于非关系型数据库，可以支持超大规模数据存储，可以通过水平扩展的方式，利用廉价计算机集群处理由超过 10 亿行数据和数百万列元素组成的数据表。HBase 利用 Hadoop HDFS 作为其文件存储系统，以 Hadoop MapReduce 来处理海量数据，并且将 ZooKeeper 作为协同服务。HBase 执行效率高，主要用于需要随机访问和实时读写的大数据。

11. ZooKeeper

ZooKeeper 是一个分布式的和开发源码的应用程序协调服务，可以为分布式应用程序提供配置维护、域名服务、分布式同步等服务，从而减轻分布式应用程序所承担的协调任务。ZooKeeper 源自 Google 的 Chubby 论文，发表于 2006 年 11 月。ZooKeeper 是 Chubby 的克隆版,解决分布式环境下的数据管理问题,是 Hadoop 和 HBase 的重要组件。这是一个为分布式应用提供一致性服务的软件,能够提供配置维护、域名服务和分布式同步等。ZooKeeper 的目标就是封装好复杂易出错的关键服务,将简单易用的接口、性能高效和功能稳定的系统提供给用户。ZooKeeper 的特点是高效和可靠。ZooKeeper 还包含一个简单的原语集,提供 Java 语言和 C 语言的接口。

ZooKeeper 是对谷歌的 Chubby 组件的开源实现,为 Hadoop 和 HBase 的运行提供相应的服务。ZooKeeper 可以提供一组工具,让用户在构建分布式应用时能够对部分失败进行正确处理。利用 ZooKeeper 很容易创建一个全局的路径,而这个路径可以作为一个名字,可以指向集群中的机器,提供服务的地址等。

12. Flume

Flume 是一个高效的收集、聚合和传输日志数据的系统。Flume 使用基于数据流的简单灵活的架构,通过 ZooKeeper 保证配置数据的一致性和可用性。Flume 具有很好的可靠性、可管理性和扩展性等多个特点。其中,可靠性是指它能够提供端到端的可靠传输,数据本地化保存等可靠性选项。可管理性是指通过 ZooKeeper 保证配置数据的可用性,并使用多个 Master 管理所有节点。可扩展性是指可用 Java 语言来实现新的自定义功能。Flume 支持在日志系统中定制各类数据发送方,用于收集数据。此外,Flume 还提供对数据进行简单处理,并可以写到各种数据接受方的能力。

13. Sqoop

Sqoop 是一款处理大数据的工具,主要用来在 Hadoop 和关系数据库之间交换数据,可以改进数据的互操作性。Sqoop 可用于将数据从外部结构化数据存储导入 Hadoop 分布式文件系统或其他相关的分布式存储系统中,如 Hive 和 HBase。此外,Sqoop 也可以用于从 Hadoop 中提取数据,并将其导出后作为外部结构化数据存储。通过 Sqoop 能够较为容易地将数据从 MySQL、Oracle、PostgreSQL 等关系数据库中导入 Hadoop,或者将数据从 Hadoop 导出到关系数据库,使传统关系数据库和 Hadoop 之间的数据迁移变得更加便利。Sqoop 可以在关系数据库与 HDFS 之间实现高效的数据转换。

14. Ambari

Ambari 是 Hadoop 的快速部署工具,支持 Apache Hadoop 集群的供应、管理以及监控。Ambari 主要用来供应、管理和检测 Hadoop 集群,包括支持 HDFS、MapReduce、Hive、Pig 和 Sqoop 等。Ambari 还提供了一个可视的仪表盘来查看集群的健康状态,并且能够使用户可视化地查看 MapReduce、Hive、Pig 应用来诊断其性能特征。

2.3 Hadoop 的集群系统

Hadoop 是一个用于处理大数据的分布式集群架构,是一个开源的框架,是开源社区 Apache 的一个基于廉价商业硬件集群和开放标准的分布式数据存储及处理平台,也是一种事实上的大数据计算标准。从系统架构角度来看，Hadoop 一般会部署在 Intel/Linux 硬件平台上，即由多台装有 Intel x86 处理器的服务器或 PC 通过高速局域网构成一个计算集群，在各个节点上运行 Linux 操作系统。

1. 安装

Hadoop 的安装方式主要有单机模式、伪分布式模式、分布式模式 3 种。单机模式即非分布式模式（本地模式），是 Hadoop 的默认模式，无须进行其他配置即可运行。非分布式即单 Java 进程，方便用户进行调试。伪分布式模式不同于单机模式，Hadoop 可以在单节点上以伪分布式的方式运行，Hadoop 进程以分离的 Java 进程来运行，节点既作为 NameNode 也作为 DataNode。同时，Hadoop 读取的是 HDFS 中的文件。分布式模式是使用多个节点构成集群环境来运行 Hadoop。Hadoop 能够安装在单台计算机上，也可以安装在一个集群上。Hadoop 在安装和运行时可以选择单机模式或虚拟分布模式，也可以选择完全分布模式。其中，单机模式是安装时的一个默认模式，可以不用对配置文件进行修改，并利用本地文件系统。该模式是一种用来对 MapReduce 程序进行查错和调试的模式。虚拟分布模式是在一台机器上用软件模拟多节点集群，每个守护进程都以 Java 进程形式运行。完全分布模式是 Hadoop 安装并运行在多台主机上，构成一个真实的 Hadoop 集群，在所有的节点上安装 JDK 和 Hadoop，相互通过高速局域网连接。

Hadoop 支持在 GNU/Linux 系统以及 Windows 系统上进行安装使用，由于 Linux 系统具有更好的稳定性和便捷性，因此一般 Hadoop 集群是在 Linux 系统上运行的。因为 Hadoop 是由 Java 语言开发的，所以 Hadoop 集群的使用依赖于 Java 环境。在安装 Hadoop 集群前，需要先安装 Java 和 JDK，此外，还需要安装 SSH。在 Java 和 SSH 准备就绪之后，到网站 http://www.apache.org/dyn/closer.cgi/hadoop/commn/ 下载一个稳定版本的 Hadoop 并解压到指定的目录。

2. 硬件配置

Hadoop 集群内的计算节点类型有两类，分别为 NameNode（执行作业调度、资源调配）和 DataNode（承担具体的数据计算任务），节点机器的选型一般不超过两种。

3. 软件配置

Hadoop 集群所需要的软件主要有 Linux、Java、JDK、SSH、VMware 以及 Hadoop 等。Hadoop 集群的各个节点需要安装的软件有 Linux CentOS，也可以在其他操作系统平台上安装 Linux 虚拟机。还需要安装 JDK 1.6 以上版本，安装并设置 SSH 安全协议。此外，利用虚拟机软件（如 VMware Workstation）在同一台计算机上还可以构建多个 Linux 虚拟机环境。Hadoop 集群所需要的软件如图 2.3 所示。

Linux 是一个自由和开放源码的系统，并

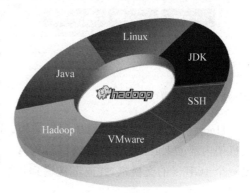

图 2.3　Hadoop 集群所需要的软件

有 GPL 授权,基于 POSIX 和 UNIX 的多用户、多任务、支持多线程和多 CPU 的操作系统内核,可安装在台式计算机、手机以及平板电脑等多种设备中,具有安全、稳定、可靠和免费等多个特点。Linux 具备良好的界面和支持多种平台等特性,其核心防火墙组件性能高效,配置简单,能够保证系统的安全。

Java 是一种面向对象的编程语言。Hadoop 集群的使用依赖于 Java 环境。在安装 Hadoop 集群前,需要先安装 Java。Java 具有安全性、分布式、多线程、可移植性、简单性、面向对象和动态性等特点。Java 语言简单易用且功能强大,是 Hadoop 集群系统中必不可少的,是搭建集群系统的基础。

VMware 能够让用户可以在一台机器上同时运行两个或以上 Windows 及 Linux 系统,能够模拟一个标准的 PC 环境,这个环境跟真实的计算机一样。常用的虚拟机软件有 VMware Workstation 和 VirtualBox 等。

JDK 是 Java 语言的软件开发工具包。由于 Hadoop 是由 Java 语言开发的,Hadoop 集群的使用依赖于 Java 环境,因此,在安装 Hadoop 集群前,需要先安装并配置好 JDK。JDK 软件可进入官网 www.oracle.com 进行下载。

SSH(secure shell)是一种网络安全协议,可为远程登录会话和其他网络服务提供安全性的协议,是在 Hadoop 安装之前需要配置的。通过配置 SSH 服务可以实现远程登录和 SSH 免密登录功能,此外,还可以将传输的数据进行加密,能够有效防止因远程管理过程中的信息泄漏问题。

Hadoop 是 Apache 基金会面向全球开源的产品,用户可以通过 Hadoop 官网 http://hadoop.apache.org/来下载使用,当前较新的版本是 Hadoop 3.2.1。Hadoop 官网如图 2.4 所示。

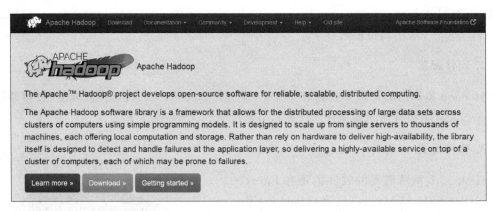

图 2.4　Hadoop 官网

4. 网络配置

Hadoop 集群一般包含两层网络结构,分别为 NameNode 到机架(rack)的网络连接,以及机架内部的 DataNode 之间的网络连接。每个机架内有 30~40 个 DataNode 服务器,配置一个 1GB/s 的交换机,并向上传输到一个核心交换机或者路由器。

5. 集群配置

Hadoop 集群中的每个节点都各自保留一系列的配置文件，Hadoop 支持全局统一的配置，即集群中所有计算机采用同样配置文件。Hadoop 集群配置参数如表 2.2 所示。

表 2.2　Hadoop 集群配置参数

Hadoop 集群	节 点 机 器	运 行 组 件	集群硬件系统	集群软件配置	集群网络配置
小型机群	NameNode	NameNode	需要具备两组 4 核/8 核 CPU，32GB 以上内存，2TB 磁盘		1GB/s 以太网口×2
		JobTracker			
		ZooKeeper			
		Hmaster			
	DataNode	DataNode	需要具备两组 4 核 CPU，16GB 以上内存，1TB 磁盘		
		TaskTracker			
		HBase RegionServer			
大型集群	NameNode（独立机器）	NameNode	需要具备两组 8 核 CPU，64GB 以上内存，8TB 磁盘	Linux CentOS、Hadoop、虚拟机（VMware Workstations）、Java、JDK 1.6、SSH	2GB/s 以太网口×2
	JobTracker（独立机器）	JobTracker	需要具备两组 4 核 CPU，32GB 以上内存，1TB 磁盘		1GB/s 以太网口×2
		ZooKeeper			
		Hmaster			
	BackupNameNode（独立机器）	Backup NameNode	需要具备两组 8 核 CPU，64GB 以上内存，8TB 磁盘		2GB/s 以太网口×2
		2nd NameNode			
		ZooKeeper			
		Hmaster			
	Backup JobTracker（独立机器）	Backup JobTracker	需要具备两组 4 核 CPU，32GB 以上内存，1TB 磁盘		
		ZooKeeper			
		Hmaster			
	DataNode	DataNode	需要具备两组 4 核 CPU，32GB 以上内存，2TB 磁盘		
		TaskTracker			
		HBase RegionServer			
		只在一个节点部署 ZooKeeper 和 Hmaster，使 ZK 数目为奇数			

6. 集群测试

Hadoop 集群在完成安装和配置后,还需要对其进行测试,测试完成后才可启动集群。在初次启动 HDFS 集群时,还需要对主节点进行格式化处理,具体指令如下:

```
$ hadoop namenode-format
```

执行完上述指令后,会对 Hadoop 集群进行格式化。格式化完成后,还需要出现 successfully formatted 信息才能表示格式化成功。格式化成功之后就可以启动集群,否则,就需要查看指令是否正确,或者之前 Hadoop 集群的安装和配置是否正确。如果都是正确的,则需要删除所有主机的 Hadoop 根目录下的 tmp 文件夹。删除完成后,重新执行格式化命令,对 Hadoop 集群进行格式化。

2.4　Hadoop 的开源实现

Hadoop 主要由 HDFS 和 MapReduce 组成,其中,HDFS 是 GFS(google file system)的开源实现,MapReduce 是 Google MapReduce 的开源实现。用户只要继承 MapReduce Base,分别实现 Map 和 Reduce 的两个类,并注册 Job,即可自动分布式运行。HDFS 和 MapReduce 是完全分离的,并不是没有 HDFS 就不能进行 MapReduce 运算。

2.5　Hadoop 的信息安全

Hadoop 的安全部署很重要,为确保大型和复杂多样环境下的数据信息安全,需要在规划部署阶段就要确定数据的隐私保护策略,在将数据放入到 Hadoop 之前就确定好保护策略。要确定哪些数据属于企业的敏感数据,根据隐私保护政策及相关的行业法规和政府规章来综合确定。及时发现敏感数据是否暴露在外,或者是否导入 Hadoop 中,收集信息并决定是否暴露出安全风险。确定商业分析是否需要访问真实数据,或者确定是否可以使用这些敏感数据。然后,选择合适的加密技术,如果有任何疑问,对其进行加密隐藏处理。同时,提供最安全的加密技术和灵活的应对策略,以适应未来需求的发展。确保数据保护方案同时采用了隐藏和加密技术,尤其是当需要将敏感数据在 Hadoop 中保持独立,确保数据保护方案适用于所有的数据文件,以保存在数据汇总中实现数据分析的准确性,确定是否需要为特定的数据集量身定制保护方案,并考虑将 Hadoop 的目录分成较小的更为安全的组。

2.6　Hadoop 的应用领域

Hadoop 作为大数据存储及计算领域的分布式系统基础框架,其应用领域较为广泛,主要有电子商务、移动数据、在线旅游、诈骗检测、医疗保健以及能源开采等。Hadoop 的应用领域如图 2.5 所示。

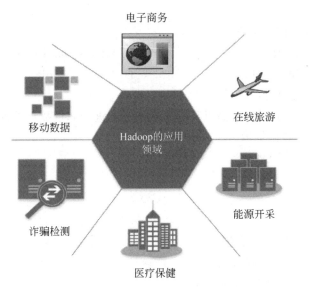

图 2.5 Hadoop 的应用领域

Hadoop 在电子商务方面的应用比较广泛,如 eBay 就是最大的实践者之一。移动数据方面,Cloudera 运营总监称,美国有 70% 的智能手机数据服务背后都是由 Hadoop 来支撑的,也就是说,包括数据的存储以及无线运营商的数据处理等,都是在利用 Hadoop 技术。在线旅游方面,如当前全球范围内 80% 的在线旅游网站都在使用 Cloudera 公司所提供的 Hadoop 发行版,其中 SearchBI 网站曾经报道的 Expedia 也在其中。诈骗检测方面,如利用 Hadoop 来存储所有的客户交易数据,包括一些非结构化数据,能够帮助机构发现客户的异常活动,预防欺诈行为。医疗保健方面,如 IBM 的 Watson 利用 Hadoop 集群作为其服务的基础,包括语义分析等高级分析技术等,此外,医疗机构可以利用语义分析为患者提供医护人员,并协助医生更好地为患者进行诊断。能源开采方面,如美国的 Chevron 公司,利用 Hadoop 进行数据的收集和处理。

练 习 题

一、填空题

(1) Hadoop 能有效地处理_____的数据,并具有_____的能力,其生态系统主要包括 _____、_____、_____、_____、_____、_____、_____ 以及 _____等。

(2) Hadoop 是一个能够对海量数据进行分布式处理的_____,可以高效地存储和管理海量数据,用户可以轻松地在 Hadoop 上开发和运行处理海量数据的应用程序,具有 _____、_____、_____和_____等特性。

37

二、选择题

（1）Hadoop 框架核心构成有（　　）。

    A. HDFS、YARN   B. HDFS、MapReduce

    C. YARN、MapReduce   D. HDFS、MapReduce、YARN

（2）Hadoop 的优势有（　　）。

    A. Hadoop 能够以一种高可靠和高效的方式进行海量数据处理

    B. 能够进行数据提取、变形和加载

    C. 高扩展性和高效性

    D. 高容错性和低成本

三、简单题

（1）Hadoop 架构的元素有哪些？

（2）什么是 Hadoop 集群系统？

（3）Hadoop 的应用领域有哪些？

第3章　大数据采集与存储

本章要点：

- 大数据采集概述
- 大数据采集的数据来源
- 大数据的采集方法
- 分布式存储系统
- 分布式文件系统
- HDFS 概述
- 云存储
- 数据仓库

　　大数据采集是获取海量数据的有效途径，大数据存储是进行大数据分析、大数据处理和大数据可视化及大数据应用的基础。高效安全地采集与存储数据是提高大数据处理效率的关键。

　　针对不同类型的数据可采用不同的数据库进行存储，对于传统的结构化数据可以采用关系型数据库进行存储，对于海量的非结构化的数据则可采用 NoSQL 数据库进行存储或者采用 HDFS 分布式文件系统。

3.1　大数据采集概述

　　数据采集又被称为"数据获取"，是数据分析的入口，也是数据分析过程中相当重要的一个环节。大数据采集是在传统的数据采集基础上发展起来的，大数据采集不仅要考虑结构化数据的采集，还要考虑半结构化数据和非结构化数据的采集。在数据采集完成后，还需要对这些数据进行分析处理，通过分析处理，挖掘出有价值的数据信息。

　　大数据的数据采集不同于传统数据的采集，大数据的数据来源广泛，数据的产生速度较快，数据量巨大，传统数据来源较为单一，数据量相对大数据量较小。大数据类型丰富，既包括结构化数据，也包括半结构化数据和非结构化数据，而传统数据的数据采集类型结构较为单一。大数据的数据处理可以利用分布式数据库，传统数据需要用关系型数据库和并行数据库。

3.2 大数据采集的数据来源

数据采集是大数据产业的基石。大数据并非凭空产生的,需要相关技术从不同的大数据源进行采集,采集来的大数据称为原始数据,这些数据来源复杂,如物联网数据主要来源于传感器设备、定位设备、视频监控设备以及射频识别装置等。

1. 物联网数据

物联网是指物物相连的互联网,是通过二维码识别设备、射频识别(RFID)装置和红外感应器、全球定位系统以及激光扫描器等信息传感设备,按照约定的协议,把任何物品与互联网相连接,进行信息交换和通信,以实现智能化识别、定位、跟踪、监控和管理的一种网络。物联网具有智能处理和可靠传输以及整体感知等特征,其关键技术是射频识别技术、传感网以及云计算。

物联网数据是大数据的主要数据来源,物联网数据具有数据量大、数据传输速率高以及数据多样化等多个特点。物联网的数据大部分为半结构化数据和非结构化数据。在采集物联网的数据时需要制定具体的采集策略,主要从采集的频率和采集的维度等方面考虑物联网的数据采集。

2. 网络数据

网络数据是指通过网络空间交互过程中产生的海量数据,网络数据主要来源于网络日志、视频、图片、地理位置、QQ、微信、Facebook、Twitter、微博等,网络数据具有多样化、快速化以及海量化等诸多特点。网络数据需要通过网络爬虫或网站公开 API 等方式来采集数据信息。

3. 商业数据

商业数据主要是指商业企业内部数据、分销渠道数据以及消费市场数据等。商业数据是大数据采集的数据源之一,是 DT(data technology,数据处理技术)时代的主要数据来源。

4. 其他数据

大数据采集的数据来源除了物联网数据、网络数据和商业数据外,还有教育数据、体育数据和农业数据以及交通数据等。

3.3 大数据的采集方法

大数据采集既是数据分析的前提,也是必要条件,在数据处理流程中占据着重要的地位。大数据采集过程的主要特点和挑战是并发数高,因为同时会有成千上万的用户进行访问和操作。如火车票售票网站中国铁路 12306 的并发访问量在峰值时能够达到上千万,因此,在数据采集端需要部署大量数据库才能够对其进行支撑。针对不同的数据源,大数据采集方法也不相同等。

3.3.1　系统日志采集方法

系统日志采集的主要目的是进行日志分析。当前,用于系统日志采集的海量数据采集工具主要有 Apache Flume、Hadoop 的 Chukwa、Facebook 的 Scribe 和 Linkedln 的 Kafka 等,这些工具均采用分布式架构能满足每秒数百兆字节的日志数据采集和传输需求,如表 3.1 所示。

表 3.1　日志采集系统对比

日志采集系统	公　司	实现语言	开源时间	特　　点	用　　途
Flume	Cloudera	Java	2009 年 7 月	聚合和传输的系统	日志收集和数据处理
Chukwa	Apache/Yahoo	Java	2009 年 11 月	可伸缩性和健壮性	监控大型分布式系统
Scribe	Facebook	C/C++	2008 年 10 月	可扩展性和高容错性	收集日志

1. Flume

Flume 是一个由 Clouder 提供的具有可靠性和高可用性的分布式海量日志采集系统,主要用于日志收集和数据处理。Flume 可以将应用产生的数据存储到任何集中存储器中,如 HDFS 等。Flume 具备容错性高、可靠性好、可升级和易于管理等多个优势。Flume 的核心是将数据从数据源通过数据采集器收集过来,再把收集的数据通过缓冲通道汇集到指定的接收器。Flume 基本架构如图 3.1 所示。

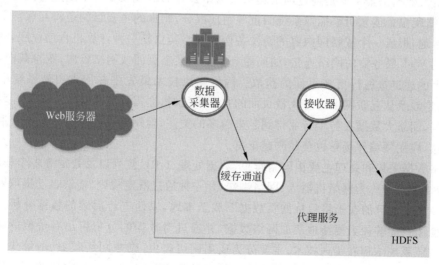

图 3.1　Flume 基本架构

(1) 数据采集器(source):主要用于源数据的采集,从一个 Web 服务器采集源数据,将采集到的数据写入缓存通道中,并流向接收器中。

（2）缓存通道（channel）：主要是对数据采集器中的数据进行缓存,将数据高效准确地写入接收器,待数据全部抵达接收器后,Flume 就会删除该缓存通道中的数据。

（3）接收器（sink）：主要是接收并汇集流向接收器的所有数据。

Flume 的核心角色是代理服务,通过代理服务可以从其他服务中采集数据,并通过内部事件（event）流的形式传输到接收器,根据需求最终向下一个代理服务传输或者进行集中式存储。

2. Chukwa

Chukwa 是一个用于监控大型分布式系统的开源数据收集系统,具有可伸缩性和健壮性等特点,其实现语言为 Java。Chukwa 的整体结构包括 Agent、Adaptor、Collector、Map Reduce Job 以及 HICC 等。Agent 主要负责采集最原始的数据,并发送给 Collector;Adaptor 是一个直接采集数据的接口和工具,一个 Agent 可以管理多个 Adaptor 的数据采集;Collectors 负责收集 Agents 发送来的数据,并定时写入集群中;MapReduce Job 定时启动,负责把集群中的数据分类、排序、去重和合并,HICC 负责数据的展示。

3. Scribe

Scribe 是 Facebook 开源的日志收集系统,能够从各种日志源上收集日志,存储到一个中央存储系统上,以便于进行集中统计分析处理。Scribe 具备可扩展性和高容错性,主要用来收集日志。

3.3.2　网络大数据采集方法

网络大数据采集主要是通过网络爬虫或网站公开 API 等方式从网站上获取数据信息。其中,网络爬虫是搜索引擎抓取系统的重要组成部分,爬虫的主要目的是将互联网上的网页下载到本地,形成一个或联网内容的镜像备份。网络爬虫是一种计算机自动程序,它能够自动建立到 Web 服务器的网络连接,访问服务器上的某个页面或网络资源,获得其内容,并按照页面上的超链接进行更多页面的获取。网络爬虫技术最先是在搜索引擎系统中得到应用,尤其是涉及从互联网上进行大量页面的自动采集时,会需要爬虫技术。随着互联网络的快速发展,网络大数据在各个行业得到越来越多的关注,运用爬虫技术进行数据获取会变得更加普遍,应用领域和场景也会越来越丰富。

网络数据采集和处理主要由网络爬虫、数据处理、URL 队列以及数据等多个模块组成。其中,网络爬虫又称为网络机器人、网络蜘蛛,是一种通过既定规则,能够自动提取网页信息的程序。爬虫的目的在于将目标网页数据下载至本地,以便进行后续的数据分析。通过爬虫技术使用户能够较为便捷地获取网络数据,并通过对数据的分析得出有价值的结果。网络爬虫按照系统结构和实现技术,主要分为通用网络爬虫、聚焦网络爬虫、增量式网络爬虫和深层网络爬虫,实际的网络爬虫系统通常是多种爬虫技术相结合来实现的。通用网络爬虫又称全网爬虫,爬行对象从一些种子 URL 扩充到整个 Web,主要为门户站点搜索引擎和大型 Web 服务提供商采集数据。聚焦网络爬虫又称为主题网络爬虫,是指选择性地爬行那些与预先定义好的主题相关页面的网络爬虫。增量式网络爬虫是指对已下载网页采取增量式更新和只爬行新产生的或者已经发生变化网页的爬虫,它能够在一定程度上保证所爬行的页面尽可能是新的页面。深层网络爬虫的爬虫体系结构主要包括 6 个基本功能模块,分别为爬行控制器、解析器、表单分析器、表单处理器、响应分析器和 LVS 控制器。网络爬虫通过自动提取网页的方式完成下载网页的工作,实现大规模数据的下载,省去诸多人工烦琐的工作。

网络爬虫主要是从互联网上抓取网页内容,并抽取需要的属性内容,数据处理是指对爬虫抓取的内容进行处理,URL 队列主要是为爬虫提供需要抓取数据网站的 URL,数据主要是包含 DP 数据和 Spider 数据等。网络大数据采集与处理的流程如图 3.2 所示。

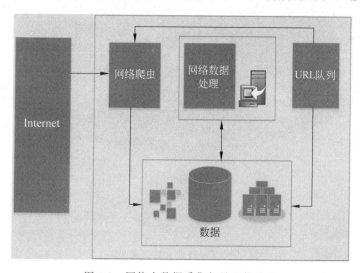

图 3.2　网络大数据采集与处理的流程

网络大数据采集与处理的流程为网络爬虫将网页中抽取的数据写入数据库,将需要抓取数据网站的 URL 信息写入 URL 队列,网络爬虫从 URL 队列中获取需要抓取数据网站的 URL 信息。网络爬虫从 Internet 抓取与 URL 对应的网页内容,并抽取出网页特定属性的内容值。最后,DP 读取 Spider 数据并进行处理,DP 将处理之后的数据写入数据库中。

3.3.3　教育大数据采集方法

教育大数据产生于线下以及线上等各种教育教学活动,教育大数据的核心数据源头是"人"与"物",人主要包括教师、学生和家长以及管理者,物主要包括多媒体、服务器等。教育大数据可分为国家教育大数据、区域教育大数据、学校教育大数据、班级教育大数据、课程教育大数据以及个体教育大数据等。教育大数据的采集与分析是实施精准教学与精准学习的基础。教育大数据采集如图 3.3 所示。

教育大数据采集不同于传统意义上的教育数据采集,教育大数据采集是一种基于线上环境和线下环境的教育数据采集,数据来源种类繁多,数据量巨大,采集处理起来需要更多的新技术,如线上的需要用到网络爬虫技术,线下的用到物联网感知技术以及图像识别技术等,而传统的教育数据采集主要是基于线下环境的数据采集,因此,数据采集量与教育大数据相比较而言需要传统的技术就可以解决数据采集的问题。

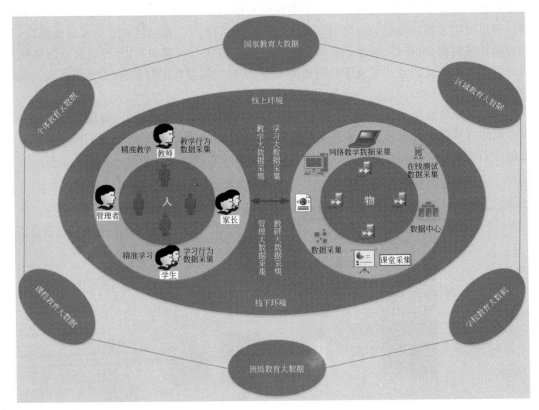

图 3.3　教育大数据采集

3.4　分布式存储系统

　　分布式存储系统是指将数据分散存储在多台独立的设备上,其关键技术主要有元数据的管理、系统弹性扩展技术、存储层级内的优化技术以及负载的存储优化技术。其中,元数据管理是分布式存储系统的主要关键技术,元数据的存取性能是整个分布式文件系统性能的关键;系统弹性扩展技术是分布式存储系统的另一个关键技术,对于大数据环境下的数据规模和复杂度的增加,对系统的扩展性能方面要求也是较高的,实现存储系统的高可扩展性需要解决元数据的分配和数据的透明迁移;存储层级内的优化技术在构建存储系统时,需要基于成本和性能来考虑,存储系统通常采用多层不同性价比的存储器件组成存储层次结构;负载的存储优化技术主要是针对应用和负载来优化存储,将数据存储与应用耦合。

　　分布式存储系统通常需要利用多台服务器共同存储数据,但是随着服务器数量的增加,服务器出现故障的概率也会有所增加,为了确保服务器出现故障的时候也能够正常使用,一般会将一个数据分成多份存储在不同的服务器中。分布式存储系统需要多台服务器同时工作,多台服务器通过网络连接,此外,分布式系统还需要具备一定的容错性来处理网络故障所带来的问题。

3.5 分布式文件系统

分布式文件系统是实现大数据存储的一种特殊系统,是分布式计算系统的一个核心组成部分,其特点为存储数据巨大,利用分布式文件系统可以存储 PB(皮字节)级以上的海量数据。此外,还能够支持流式数据访问,支持多硬件平台,数据一致性高,可以有效预防硬件失效,支持移动计算等。分布式文件系统的设计是基于客户端/服务器模式。分布式文件系统是以块(block)为基本单位存储文件的,每个块大小为 64MB。如果一个文件不到 64MB,也会存成一个独立的块。分布式文件系统是指文件系统管理的物理存储资源未必会连接在本地节点上,而是通过计算机网络与节点相连。

3.5.1 计算机集群结构

计算机集群简称为集群,是一种计算机系统,是通过一组松散集成的计算机软件或硬件连接起来高度紧密地完成计算工作。集群是指一组相互独立的计算机,集群系统中的单个计算机一般称为节点,集群中的计算机节点存放在机架上,每个机架可以存放 $8\sim64$ 个节点,通常是通过网络连接。集群技术的特点是通过多台计算机完成同一工作,效率更高,性能更高,更加可靠,两机或多机内容及工作过程完全一样,如果一台停止工作,另一台则可继续工作。集群是一种并行或分布式系统,通过集群技术,可以在以低成本的基础上获得更高和更可靠的收益。集群软件一般有 Lander Vault、SLURM 和 Solaris Cluster 等。

集群按照其功能和结构可分为高可用性集群、负责均衡集群、高性能计算集群和网格集群等。其中,高可用性集群是指以减少服务中断时间为目的的服务器集群技术,是在当集群中有某个节点失效的情况下,其上的任务会自动转移到其他正常节点上。负责均衡集群可为企业提供更加实用且性价比高的系统解决方案,一般用于相应网络请求的数据库服务器,运行时一般是通过一个或多个前端负载均衡器将工作负载分发到后端的一组服务器上,达到整个系统的高可用性和高性能。高性能计算集群主要利用将计算任务分配到集群的不同计算节点提高计算能力,主要应用在科学计算领域。网格集群是一种与集群计算相关的技术,网格通常比集群支持更多不同类型的计算机集合。

3.5.2 分布式文件系统的结构

分布式文件系统在物理结构上是由计算机集群中的多个节点所构成,其特点是可以解决数据的存储和管理问题,能够将固定于某个地点的某个文件系统,扩展到任意多个地点/多个文件系统,多个节点组成一个节点网络。常见的分布式文件系统主要有 GFS、HDFS、Lustre、Ceph、GridFS 和 TFS 等。其中,GFS 是 Google 公司为了存储海量搜索数据而设计的专用文件系统,是一个可扩展的分布式文件系统,主要用于对分布式、大型及海量的数据进行访问的应用。GFS 能够运行在廉价的普通硬件上,可提供容错功能,能为大量的用户提供总体性能较高的服务。HDFS 是分布式文件系统,是 Hadoop 框架的核心组成部分,具备大规模数据分布式存储能力。Lustre 是一种平行分布式文件系统,通常用于大型计算机集群和超级计算机。Ceph 是一个分布式文件系统,具有高可靠性,能支持多种高性能的工作负载,能够在维护 POSIX 兼容性的同时加入了复制和容错功能。GridFS 是一种将大型文件存储在 MongoDB 中的文件规范。TFS 是一个具有高可扩展性、高可用性及高性能,并且面向互联网服务的分布式文件系统。

3.5.3　分布式文件系统的设计需求

分布式文件系统的设计需求主要有透明性、并发控制、可伸缩性和容错以及安全需求等,其中,透明性主要包含访问的透明性。位置的透明性、移动的透明性、性能的透明性和伸缩的透明性,访问的透明性是指用户能通过相同的操作来访问本地的文件和远程文件资源,位置的透明性是指使用单一的文件命名空间,在不改变路径名的情况下,文件或者文件集合可以被重新定位。移动的透明性、性能的透明性及伸缩的透明性也是透明性的主要方面,与访问的透明性和位置的透明性具有同等重要的作用。并发控制是指客户端对于文件的读写不应该影响其他客户端对同一文件的读写。可伸缩性是指支持节点的动态加入或退出。容错是指保证文件服务在客户端或者服务端出现问题的时候能够正常使用。安全需求是指保障系统的安全性。

3.6　HDFS 概述

HDFS 是谷歌公司的 GFS 分布式文件系统思想的开源实现,是 Hadoop 的重要组成部分。HDFS 对一个文件进行存储时有两个主要策略,分别为副本策略和分块策略,其中,副本策略可以有效地保证文件存储的可靠性,分块策略能够保证数据并发读写的效率,此外还是 MapReduce 实现并行数据处理的基础。副本策略是指 HDFS 对数据块典型的副本策略为 3 个副本,第 1 个副本存放于本地节点,第 2 个副本存放于同一机架的另一个节点,第 3 个副本存放于不同机架的另一个节点。副本策略能够有效保证在 HDFS 文件系统中存储的文件具有很高的可靠性。

3.6.1　HDFS 相关概念

HDFS 是 Hadoop 框架的核心组成部分,具备大规模数据分布式存储能力,可基于大量分布节点上的本地文件系统,构建一个逻辑上拥有巨大容量的分布式文件系统,整个文件系统的容量可随集群中节点的增加而线性扩展。HDFS 拥有高并发访问能力和强大的容错能力,可进行顺序式文件访问,能有效提高大规模数据访问的效率。HDFS 采用简单的一致性模型,基于大粒度数据块的方式存储文件,运用数据块存储模式。

1. 数据块

HDFS 的文件被分成块进行存储,HDFS 块的默认大小为 64MB。块是文件存储处理的逻辑单元,在 HDFS 中的文件会被拆分成多个块,每个块作为独立的单元进行存储。一个大规模文件可以被拆分成若干个文件块,不同的文件块可以被分发到不同的节点上,一个文件的大小不会受到单个节点存储容量的限制,可以远远大于网络中任意节点的存储容量。数据块比较适合用于数据备份,每个块可以有多个备份,分别保存在相互独立的机器上,能够保证单点故障不会导致数据丢失,大幅地提高了系统的容错性和可用性。HDFS 与数据块的关系如图 3.4 所示。

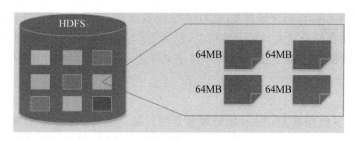

图 3.4   HDFS 与数据块的关系

2. NameNode

NameNode 是 HDFS 集群的主服务器,通常被称为名称节点,主要负责管理分布式文件系统的命名空间的操作,如打开、关闭、重名文件等,NameNode 关闭后,会无法访问 Hadoop 集群。

NameNode 目录结构如下所示。

```
${dfs.name.dir }/current/VERSION
               /edits
               /fsimage
               /fstime
```

目录结构中的 VERSION 文件是存放版本信息的文件,它保存了 HDFS 的版本号。edits 是指当文件系统客户端进行写操作时记录在修改日志中,元数据节点在内存中保存了文件系统的元数据信息,在记录了修改日志后,元数据节点则修改内存中的数据结构。Fsimage 文件是名称空间文件。

3. DataNode

DataNode 是 HDFS 的工作节点,称为数据节点。DataNode 主要负责数据的存储和读取,可以根据需要存储并检索数据块,并且能够定期向 NameNode 发送所存储块的列表。DataNode 也可以接收 NameNode 的指令来进行数据块的创建、删除以及复制。

DataNode 目录结构如下所示。

```
${dfs.name.dir }/current/VERSION
               /blk_<id_1>
               /blk_<id_1>.meta
               /blk_<id_2>
               /blk_<id_2>.meta
```

```
/...
/blk_<id_64>
/blk_<id_64>.meta
/subdir0()/
/subdir1()/
/...
/subdir63()/
```

目录结构中的 blk_<id>保存的是 HDFS 的数据块,其中保存了具体的二进制数据。blk_<id>.meta 保存的是数据块的属性信息,包括版本信息、类型信息和校验和。Subdirxx 是当一个目录中的数据块达到一定数量时,创建子文件夹来保存数据块及其属性信息。

4. Rack

Rack 是用来存放部署 Hadoop 集群服务器的机架。通常 Hadoop 集群是以机架的形式来组织的,同一个机架不同节点间的网络状况比不同机架之间的更为理想。此外,NameNode 数据块副本保存在不同的机架上以提高容错性。

5. Metadata

Metadata(元数据)按照类型来分,主要包括 3 个部分,分别为文件和目录自身的属性信息,文件记录信息存储相关的信息以及记录 HDFS 的 DataNode 信息,用于 DataNode 的管理。

3.6.2 HDFS 的特点

HDFS 能够可靠地存储大规模的数据集,可以提高用户访问数据的效率,支持多硬件平台,具有较高的数据吞吐量,能支持移动计算,其特点主要有以下 5 个方面。

1. 存储数据量巨大

HDFS 存储的文件可以支持 TB(太字节)级别以上的数据,能够将每个文件切分成多个小的数据块进行存储,除了最后一个数据块之外的所有数据块大小都相同,块的大小可以在指定的配置文件中进行修改。

2. 流式数据访问

HDFS 适用于批量数据的处理,应用程序一次需要访问大量的数据,不适用于交互式处理。HDFS 设计的目标是通过流式的数据访问保证高吞吐量,不适合对低延迟用户响应的应用。

3. 支持多硬件平台

HDFS 可以运行在不同的硬件平台上。HDFS 在设计的时候就考虑到平台的可移植性,这种特性方便了 HDFS 作为大规模数据应用平台的推广。

4. 高容错性

数据自动保存多个副本,副本丢失后自动恢复。对硬件要求低,可以构建在廉价的机器上,以实现线性扩展。

5. 支持移动计算

HDFS 支持移动计算,主要是指计算和存储采用就近原则,利用就近原则将会有效减少网络的负载,能够降低网络拥塞。

3.6.3　HDFS 的体系结构

HDFS 的存储策略是将大数据文件分块并存储在不同的计算机节点(nodes),通过NameNode 管理文件分块存储信息,HDFS 的体系结构图如图 3.5 所示。

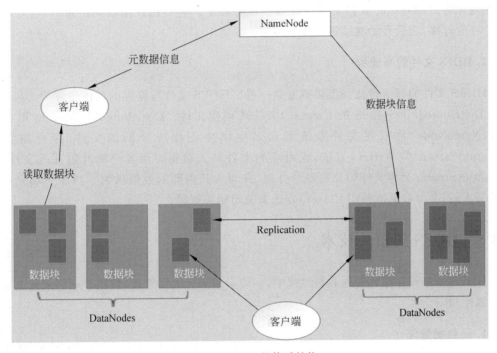

图 3.5　HDFS 的体系结构

HDFS 采用了典型的 Master/Slave(主/从)系统架构,一个 HDFS 集群主要包含一个或若干个 NameNodes 节点。一个文件被分成了一个或者多个数据块,并存储在一组DataNode 节点上,DataNode 节点可分布在不同的机架上。NameNode 执行文件系统名字空间的打开、关闭、重命名文件或目录等操作,同时负责管理数据块到具体 DataNode 节点的映射。在 NameNode 的统一调度下,DataNode 负责处理文件系统客户端的读写请求,完成数据块的创建、删除及复制。

HDFS 有效地吸收了很多分布式文件系统的优点,具有较好的错误处理能力,即便是安装在价廉的设备上也能有很好的性能。由于能够提高吞吐量的数据访问,因此,HDFS 非常适合大规模数据集上的应用。HDFS 具有多方面的特性,比较适合大文件的存储和处理,可处理的文件规模可达到数百兆字节乃至数百太字节(TB);集群规模可动态扩展,存储节点可在运行状态下加入到集群中,集群仍然可正常工作。

3.6.4 HDFS 的工作原理

HDFS 的文件访问机制采用的是流式访问机制,是通过 API 打开文件的某个数据块之后,能够顺序读取或者写入某个文件。

1. HDFS 文件的读流程

HDFS 文件的读流程比较简单,客户端通过发送读取请求,先与 NameNode 进行连接。连接完成后,客户端请求读取某个文件的某一个数据块,NameNode 在内存中进行检索,查看是否有相对应的文件及文件块。如果没有,则通知客户端对应文件或数据块不存在;如果有,则通知客户端对应的数据块保存在哪些服务器上。客户端在接收到信息后,与对应的 DataNode 连接,之后开始继续进行数据传输。

2. HDFS 文件的写流程

HDFS 文件的写流程比读流程要复杂一些。HDFS 文件写流程的具体步骤为:客户端调用 DistributedFileSystem 的 Create() 方法来创建文件。DistributedFileSystem 用 RPC 连接 NameNode,请求在文件系统的命名空间中创建一个新的文件,客户端调用 FSOutputStream 的 Write() 方法,相对应的文件写入数据。当客户端开始写入文件时,FSOutputStream 会将文件切分成多个分包,并写入其内部的数据队列。当客户端完成数据的写入后,会对数据流调用 Close() 方法来关闭相关资源。

3.6.5 HDFS 的相关技术

HDFS 分布式存储和管理数据过程中,一般会用到元数据管理、权限管理等来保证数据的可靠性和安全性。

1. 元数据管理

元数据是用于描述和组织具体的文件内容,可以存放在 $\{Hadoop.tmp.dir\}/name$ 路径下。HDFS 的元数据是指维护 HDFS 文件系统中的文件和目录所需要的信息。从形式上,元数据可以分为内存元数据和元数据文件两种。NameNode 在内存中维护整个文件系统的元数据镜像,用于 HDFS 的管理;元数据文件则用于持久化存储。

如果没有元数据,具体的文件内容将变得没有意义。元数据的管理会影响 HDFS 提供文件存储服务的能力。NameNode 的内存中有一个树形结构,存放的就是元数据信息,NameNode 会定期将内存中的元数据写入磁盘中。

2. 权限管理

HDFS 实现了一个和 POSIX 系统类似的文件和目录的权限模型,每个文件和目录有一个所有者和一个组,HDFS 支持文件权限控制。HDFS 采用了 UNIX 权限码的模式来表示权限,每个文件或目录都关联着一个所有者用户、用户组以及对应的权限码。对于文件来说,当要读取这个文件时,就需要有读取权限,当写入或者追加到文件时需要有写入权限。对于目录来说,当列出目录内容时或者新建与删除子文件等都要有权限才可以执行。总之,文件或目录的权限就是它的模式。

3. 容错

HDFS 具有高容错性,并且可以实现高吞吐量的数据访问,比较适合大规模数据集的应用。HDFS 的主要设计目标之一是在硬件故障情况下,能够保障数据存储的可用性和可靠性,HDFS 是通过数据冗余备份、副本存放策略及容错与恢复机制来提供这种高可用性。HDFS 有两种节点类型,分别为 NameNode 和 DataNode,其中 NameNode 的容错性方面是指 Second NameNode 可以解决 NameNode 单点失败的情况,此外,还可以通过 ZooKeeper 实现 NameNode 备份。DataNode 容错性方面主要是指在一个数据块访问失效的情况下,会从备份的 DataNode 中选取一个,并备份该数据块,以保证数据块的最低备份标准。

3.6.6　HDFS 的源代码结构

HDFS 的源代码都在 org.apache.hadoop.hdfs 包中,HDFS 的源代码分布在 16 个目录下,可以分为基础包、HDFS 实体现实包、应用包及 WebHDFS 相关包。

1. 基础包

基础包主要包括工具包和安全包。其中,hdfs.util 包含了一些 HDFS 实现需要的辅助数据结构;hdfs.security.token.block 和 hdfs.security.token.delegation 结合 Hadoop 的安全框架,提供了安全访问 HDFS 的机制。该安全特性最初由 Yahoo 开发,集成了企业广泛应用的 kerberos 标准,使得用户可以在一个集群中管理各类商业敏感数据。

2. HDFS 实体实现包

HDFS 实体实现包是代码分析的重点,主要包括 hdfs.server.common、hdfs.protocol、hdfs.server.protocol、hdfs.server.namenode、hdfs.server.datanode、hdfs.server.namenode.metrics 及 hdfs.server.datanode.metrics 7 个包。

3. 应用包

应用包主要包括 hdfs.tools 和 hdfs.server.balancer 两个包,它们分别提供查询 HDFS 状态信息工具 dfsadmin、文件系统检查工具 fsck 及 HDFS 均衡器 balancer 的实现。

4. WebHDFS 相关包

WebHDFS 能够提供一个完整的并通过 HTTP 访问的 HDFS 机制。WebHDFS 相关包主要有 hdfs.web.resources、hdfs.server.namenode.metrics.web.resources、hdfs.web 及 hdfs.server.datanode.web.resources 4 个包。

3.6.7 HDFS 的接口

HDFS 的接口可以用来观察系统的工作状态。HDFS 中的接口主要有两种类型,分别为客户端相关接口和服务器端相关接口。

1. 客户端相关接口

客户端相关接口主要有 ClientProtocol 和 ClientDataNodeProtocol。其中,ClientProtocol 是客户端与 NameNode 之间的接口,ClientDataNodeProtocol 是客户端与 datanode 之间的接口。

2. 服务器端相关接口

服务器端相关接口主要有 DataNodeProtocol、InterDataNodeProtocol 及 NameNodeProtocol。其中,DataNodeProtocol 是 DataNode 与 NameNode 之间的接口,InterDataNodeProtocol 是 DataNode 与 DataNode 之间的接口,NameNodeProtocol 是 NameNode、Secondary NameNode 及 HDFS 均衡器之间的接口。

3.7 云 存 储

云存储是一种网络在线存储模式,是在云计算概念上延伸出来的一个新概念,其核心技术是并行计算。云存储源于集群技术、网格技术、分布式存储技术和虚拟化存储技术的发展。云存储是数据信息存储的新技术,同时也是一种服务创新模型。云存储通过网格技术、分布式文件系统及集群应用等技术,将网络中海量的异构存储设备构成可弹性扩展、低成本及低能耗的共享资源池,提供数据存储访问和处理功能的系统服务。

云存储具备低成本、超大容量、高可靠性、可动态伸缩性、高可用性、安全性及规范化等多个特点,云存储能够实现规模效应和弹性扩展,利用虚拟化技术解决了存储空间的浪费,提高了存储效率,降低了运营成本,避免资源浪费,其存储管理可以实现自动化和智能化。云存储的关键因素是存储管理、服务管理及存储资源和服务。云存储的存储方式主要有对象存储、块存储和文件存储。对象存储是以对象为基本单位的存储方式,块存储是以块为基本单位的存储方式,文件存储是以文件为基本单位的存储方式。云存储方式如图 3.6 所示。

云存储可分为三大类,分别为公共云存储、内部云存储及混合云存储。公共云存储是最常见的一种云存储,其特点是以低成本提供海量的文件存储,如百度智能云、乐视云、360云、腾讯云及移动云等。内部云存储与私有云存储较类似,如企业网盘和 3A Cloud 等。混合云存储是将公共云存储和私有云存储结合在一起的一种云存储,如华为云等。云存储类别如图 3.7 所示。

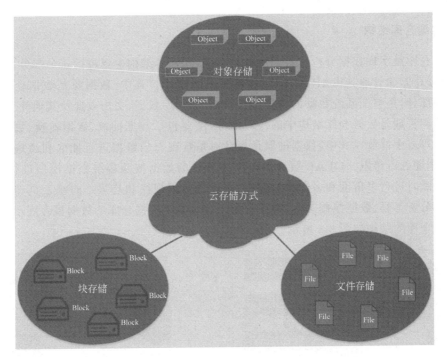

图 3.6 云存储方式

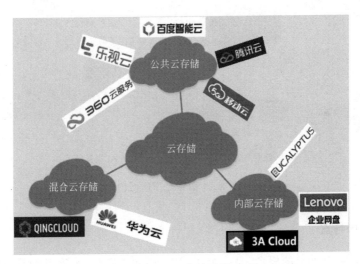

图 3.7 云存储类别

3.8 数据仓库

数据仓库(data warehouse,DW)是由被称为数据仓库之父的比尔·恩门(Bill Inmon)于 1990 年所提出的,提出数据仓库是在企业管理和决策中面向主题的、集成的、与时间相关的和不可修改的数据集合。

1. 数据仓库结构

数据仓库是实现数据分析与数据挖掘的基础,其基本结构主要包括 4 个部分,分别为数据源、数据存储和管理、OLAP 服务器、前端工具和应用。其中,数据源是数据仓库结构中最基础的部分,是整个系统数据的来源,通常包含数据库数据、文档数据及其他外部数据等。数据存储和管理是数据仓库结构中的核心部分,主要包括数据抽取、数据转换、数据加载及数据集市等多个部分。其中,数据抽取是指针对系统现有的数据进行抽取和清理并有效集成,按照主题进行组织。OLAP 服务器对需要分析的数据按照多维数据模型进行重组,以支持用户随时进行多角度和多层次的分析,并发现数据规律和趋势。前端工具和应用主要包括数据分析工具、数据挖掘工具、数据查询工具及基于数据仓库的数据报表展示等多种应用。数据仓库的结构如图 3.8 所示。

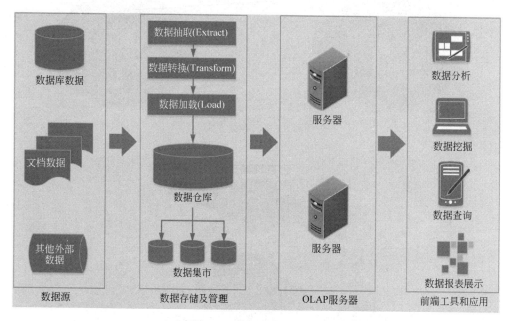

图 3.8　数据仓库的结构

2. 数据仓库特点

数据仓库是一个抽象的概念,是一个集成的、面向主题的、大容量的及随时间而变化的,但信息本身相对稳定的数据集合。数据仓库主要用于数据分析和数据挖掘,辅助管理者做出科学的决策。数据仓库主要有以下 4 个特点。

(1) 数据仓库是集成的。集成是指从不同的数据源采集数据并整合到同一个数据源。数据仓库的数据主要来自分散的操作性数据,可以将所需数据从原数据中抽取出来,进行加工与集成,综合之后才能进入数据仓库。

(2) 数据仓库是面向主题的。数据仓库中的数据是按照一定的主题域进行组织,仅需要与该主题相关的数据,其中的"主题"是一个比较抽象的概念,指的是用户使用数据仓库进行决策时关心的重点方面。通常来说,一个主题会与多个操作型信息系统相关,是企业信息的数据整合和归类。数据仓库能在较高的层次上对企业中的对象数据进行全面的描述。

（3）数据仓库是随时间而变化的。数据仓库的数据是随着时间的变化而不断变化的。数据仓库会随着时间变化不断存入新的数据，此外，还会删除超过存放时间的数据。数据仓库是不同时间的数据集合，其所拥有的信息不仅只是反映企业当前的运营情况，而且还会记录从过去某个时间到当前各个阶段的信息。

（4）数据仓库相对稳定。数据仓库不产生数据，也不会消费数据，数据仓库的数据是不可修改的，数据仓库相对稳定。数据仓库中涉及较多的是数据的查询。存入数据仓库中的数据，一般会保留 5～10 年的时间。数据仓库的用户进行分析处理是不进行数据更新操作的，相对来说比较稳定。

3. 数据仓库设计

数据仓库所具有的面向主题、集成、不可更新等特点决定了其设计方法有别于传统的联机事务处理数据库的设计。数据仓库的设计是由数据驱动的，且需要不断地循环和反馈，使数据仓库系统不断地完善。数据仓库的设计总体上可以分为 3 个步骤，分别为数据仓库的概念模型设计、数据仓库的逻辑模型设计、数据仓库的物理模型设计。

数据仓库的概念模型设计的目的是对数据仓库涉及的实体和客观的实体进行抽象和分析，并在此基础之上构建一个相对稳固的模型。概念模型可为全局工作服务，集成了全方位的数据而形成一个统一的概念蓝图。概念模型设计最常用的策略是自底向上的方法，即自顶向下地进行需求分析，然后再自底向上地设计概念结构，主要步骤为：首先是抽象数据并设计局部视图；其次是集成局部图；最后得到全局的概念结构。逻辑模型是系统分析设计人员对数据存储的观点，是对概念数据模型进一步分解和细化，数据仓库的逻辑模型设计是在概念模型设计中确定的几个基本主题域的基础上进一步地完善和详细化设计，并扩展主题域。

数据仓库的逻辑模型设计是数据仓库实施中最重要的一环，其主要步骤为：一是分析主题域，确定要装载到数据仓库的主题；二是粒度层次划分，通过估计数据量和所需的存储设备确定粒度划分方案；三是确定数据分隔策略，将逻辑上整体的数据分割成较小的、可以独立管理的物理单元进行存储；四是定义关系模式，概念设计阶段基本的主题已经确定，逻辑模型设计阶段要将主题划分成多个表以及确定表的结构。逻辑模型设计的关键是细化主题划分并建立维度模型，主要的工作是进行事实表模型设计和维表模型设计。事实表模型设计一般是对概念模型中的几个主题域进行进一步的分析，维表模型设计中维表的作用是为用户提供有关主题的更加详细和具体的信息。要设计出维表，同样需要进行维度详细信息的分析，如可以按照时间维度进行分析，也可以按照产品维度进行分析，还可以按照客户维度进行分析，以便从多个不同的角度进行分析，获得决策更加完善。

数据仓库的物理模型设计是在完成数据仓库的概念模型设计和数据仓库的逻辑模型设计之后的一个设计，在该阶段需要在充分了解数据和硬件的配置基础上确定数据的存储结构、索引策略及数据存放位置等信息。数据仓库的存储结构设计要充分考虑所选择的存储结构是否适合数据的需要，还要考虑存储时间和存储空间的利用率；索引策略可以提高查询的效率和数据库的性能；根据数据的使用频率、数据的重要程度及时间响应要求，将不同的数据存放在不同的存储设备上。

4. 数据仓库实现

数据仓库模型完成之后就可以创建数据仓库。数据仓库是一个过程,同时也是一个信息提供平台。从业务处理系统获得数据,且主要以星形模型和雪花模型进行组织,为用户提供各种手段以便于从数据中获取信息。数据仓库的实现主要包括如下步骤。

（1）创建 Analysis Services 项目。

（2）定义数据源。

（3）定义数据视图。

（4）定义多维数据集。

（5）部署 Analysis Services 项目。

数据仓库不是一个静态的概念,只有及时将信息交给需要的用户,信息才能发挥其作用,才具有意义,将信息加以归纳整理并及时提供给用户是数据仓库的根本任务。

5. 数据仓库与数据湖、数据库、数据中台

数据仓库与数据湖不同,数据仓库主要用来存储结构化数据,可进行频繁和可重复的分析;而数据湖则是一个以原始格式存储数据的存储库或系统,其特点是支持实时数据源,更好的可扩展性和敏捷性,更轻松地收集和摄入数据,具有人工智能的高级分析,主要技术是数据挖掘、深度学习、分布式存储和数据流技术。其作用是按照原样存储数据,可以存储结构化数据、半结构化数据和非结构化数据。数据库（database）是数据存储的对象,以便于加工处理和抽取有用的信息。数据库可以被认为是存储电子文件的库房,用户可以对文件中的数据进行新增、查询、更新、删除等操作,是一个以一定方式存储在一起,且能与多个用户共享,具有尽可能小的冗余度的数据集合。数据中台是一个数据集成平台,它不仅仅是为数据分析挖掘而建,更重要的功能是作为各个业务的数据源,为业务系统提供数据和计算服务。数据仓库与数据湖、数据库、数据中台的对比如表 3.2 所示。

表 3.2　数据仓库与数据湖、数据库、数据中台的对比

对比项目	数据仓库	数据湖	数据库	数据中台
提出或使用	比尔·恩门提出	大数据厂商提出	美国系统发展公司首先使用数据库	阿里巴巴提出
定义	数据仓库是在企业管理和决策中面向主题的、集成的、与时间相关的和不可修改的数据集合	数据湖是一种大型数据存储库和处理引擎	数据库是指长期存储在计算机内的、有组织的、可共享的相关联数据集合	数据中台通过统一的数据存储、数据治理和数据服务,实现多个业务之间数据的共享和应用
特点	集成的、面向主题的、随时间而变化的,相对稳定	支持实时数据源,有更好的可扩展性和敏捷性,可以更轻松地收集和摄入数据,具有人工智能的高级分析功能	数据结构化,数据的共享性高、冗余度低,易扩充,数据独立性高,数据统一管理与控制	可以随意组合,避免重复建设

对比项目	数据仓库	数据湖	数据库	数据中台
存储数据	结构化数据	结构化数据、半结构化数据、非结构化数据	结构化数据	结构化数据、半结构化数据、非结构化数据
主要技术	并行、分区、数据压缩	数据挖掘、深度学习、分布式存储、数据流技术	数据库访问技术	数据推荐、数据搜索
结构	主要有数据源、数据存储及管理、OLAP 服务器和前端工具与应用 4 个部分	主要有数据源、数据接入层、数据存储及管理、数据处理和前端工具与应用等多个部分	外模式、内模式和概念模式	数据仓库、数据中间件、数据资产管理
作用	能处理结构化数据，并且这些数据必须与数据仓库事先定义的模型吻合，主要用于数据分析和数据挖掘，辅助管理者做出科学的决策	按照原样存储数据，可以存储结构化数据、半结构化数据和非结构化数据	实现数据共享，减少数据的冗余度，保持数据的独立性，数据实现集中控制，数据一致性和可维护性较高	数据分析与数据挖掘，为业务系统提供数据和计算服务
应用	IBM Red Brick、Tera Data、Pivotal Greenplum	IBM DB2、Big SQL、医疗、生命科学等	SQL Server、Oracle、DB2	阿里中台、滴滴中台、网易数据中台

（1）数据仓库。数据仓库是一种集成型数据库，也可以看作是多维异构历史数据的存储过程。数据仓库的目的是合并和组织历史数据，并借助一些分析工具，以帮助决策者从数据中发现重要的隐藏事实。数据仓库所具有的功能可以概括为面向业务的主题内容，汇总并统一日常操作数据，掌握并管理历史信息的变换和积累，实现数据在逻辑上的集成。

数据仓库数据一般会从事务系统中提取，汇聚来自各种结构化数据源的数据进行分析，通常用于商业分析目的。数据仓库的数据模型一般有星形模型和雪花模型两种。星形模型是由一个事实表和一组维度表组合而成，并且以事实表为中心，所有的维度表直接与事实表相连，是维度建模中的一种选择方式。雪花模型是维度建模中的另一种选择，是对星形模型的扩展。雪花模型的维度表可以拥有其他的维度表，并且维度表与维度表之间是相互关联的。

（2）数据湖。数据湖的概念最初是由大数据厂商提出的，其作用是按照原样存储数据，可以存储结构化数据、半结构化数据和非结构化数据。数据湖可以让多种数据发挥价值，利用数据湖可以收集、存储、分析结构化数据、半结构化数据和非结构化数据。

数据湖不同于数据仓库，它可以接入不同的数据源，包括结构化数据、半结构化数据和非结构化数据。数据湖能够从实时数据流中提取和存储数据，还能够自动生成元数据信息，确保进入数据湖的数据都有元数据，还能提供统一的接入方式。数据湖可以存储海量的多源异构数据，可以便于用户进行数据搜索。此外，在数据治理方面，能自动提取元数据信息，并统一存储，还可以对元数据进行标注和分类，建立统一的数据目录。在数据质量安全管控方面，能够对接入的数据质量进行安全管控，并提供数据字段校验及数据完整性分析等。在数据发现方面,提供一系列数据分析工具,方便用户对数据湖的数据进行自助数据发现。数据湖的应用主要有医疗、生命科学、银行业等,如数据湖可以帮助解决电子医疗记录的互操作性问题。数据湖的核心能力如图 3.9 所示。

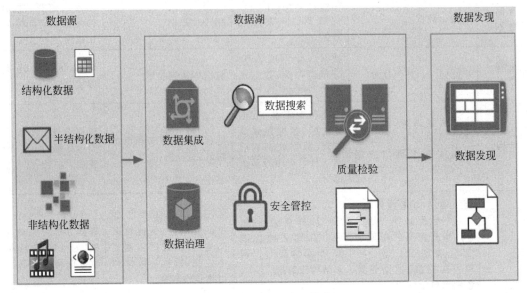

图 3.9　数据湖的核心能力

（3）数据库。数据库是存放数据的仓库。数据库的作用包括实现数据共享,减少数据的冗余度,保持数据的独立性,实现数据的集中控制,保持数据的一致性和可维护性。数据库的功能为组织、存储及管理数据。数据库可分为关系型数据库和非关系型数据库。关系型数据库采用关系模型来组织数据,关系模型是一种二维表模型。关系型数据库中,数据以行和列的形式存储,读取比较方便。常用的关系型数据库如 MySQL 和 SQL Server 等。非关系型数据库是针对某些特定的应用需求出现的,主要分为键值数据库、文档数据库、列族数据库和图数据库等。键值数据库是一张简单的哈希表,主要用在所有数据库访问均通过主键来操作的情况下。它有两个列,分别为 key 和 value,key 列代表关键字,value 列存放值。文档数据库可视为其值可查的键值数据库,列族数据库可存储关键字及其映射值,且能够将值分成多个列族,让每个列族代表一张数据映射表。图数据库主要用于存放实体与实体间的关系。非关系型数据库如 NoSQL 等。

数据库系统(database system,DBS)是指在计算机系统中引入数据库后的系统,主要由数据库、数据库用户、计算机硬件系统和计算机软件系统等多个部分所组成。数据库是存储在计算机内、有组织的、可共享的数据和数据对象的集合,这种集合按照一定的数据模型组织、描述并长期存储,同时,能够以安全、可靠的方法进行数据的检索和存储。软件系统主要包括操作系统(OA)、数据库管理系统(DBMS)、应用开发工具和应用系统等。在计算机硬件层之上,操作系统统一管理计算机资源,数据库管理系统(DBMS)可借助操作系统完成对硬件的访问,并且能够对数据库的数据进行存取、维护和管理。数据库管理系统(DBMS)是对数据进行管理的大型系统软件,是数据库系统的核心组成部分,用户在数据库系统中的操作包括:数据的定义、查询、更新以及各种控制,这些操作都是通过数据库管理系统

(DBMS)进行的。数据库系统的组成如图 3.10 所示。

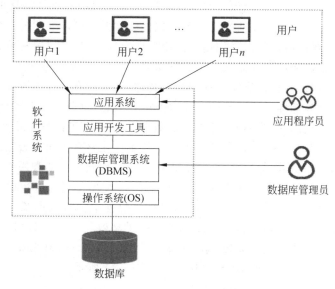

图 3.10 数据库系统的组成

大数据时代,为方便、快捷、低成本地存储和管理庞杂的数据,通常采用云数据库。云数据库是传统数据库与云计算技术相结合的产物,是一种新兴的网络存储技术。云数据库能够根据用户的业务需求,快速地帮助企业构建大数据管理系统,让用户拥有强大的数据库扩展能力,很好地满足企业动态变化的数据存储需求和中小企业低成本的数据存储需求。云数据库允许用户以服务的方式通过网络获得云端的数据库功能,能够提供数据库资源的虚拟化,具有高可用性、高可扩展性、采用多种形式和支持资源有效分布等特点。云数据库通常是冗余存储的,为用户提供了灵活的备份策略,在不同的网络节点都会有备份,当一个网络节点失效时,其他的节点就会接管未完成的事务。云数据库具有较高的可用性,能够确保云数据库的可靠性。云数据库一般采用多租户的形式,同时为多个用户提供服务,共享云计算环境中的各种数据库资源,按照业务量采用按需付费的方式,这种共享资源的云计算模式可以确保在满足用户业务需求的前提下尽可能地节省开销,数据存储及弹性扩容的成本比较低。

云数据库的架构主要由存储层、基础管理层、应用接口层和访问层构成。存储层位于云数据库架构的底层,云数据库的存储设备往往数量庞大,且分布在不同的网络节点和地域,彼此通过网络连接在一起。云数据库可以对所有存储层的硬件设备进行管理,如存储设备的逻辑虚拟化管理等。云数据库架构中的基础管理层通过集群、分布式文件系统和网络计算等技术,实现云存储中多个存储设备之间的协同工作,使多个的存储设备可以对外提供同一种服务,并提供更大更强的数据访问性能。应用接口层位于云数据库架构的第三层,不同的云存储运营单位可以根据实际业务类型开发不同的应用服务接口,提供不同的应用服务。访问层位于云数据库架构的最顶层,任何一个授权用户都可以通过标准的公共应用接口来登录云数据库系统,如同使用单机系统一样对云数据库进行各种业务操作。云数据库没有自己特定的数据模型,所采用的数据模型既可以是传统的关系模型,也可以是 NoSQL 数据库使用的非关系模型。

云数据库是基于云计算技术的数据存储和管理服务,与部署和使用其他云计算服务相同,用户只需要关注业务层,而无须了解云端数据库底层架构和硬件部署的细节,也无须关注云端设备、数据库的稳定性及网络安全等问题。云数据库可以取代自建数据库,创造出区别于传统方式的全新价值,同时,紧扣用户使用数据库的痛点,推出云解决方案,构成一张功能网,全方位覆盖企业和用户的需求。云数据库允许用户以服务的方式通过网络获得云端的数据库功能。云数据库可以实现自动化和智能化,整合所有的存储资源,具有比较大的规模,如谷歌和亚马逊等都拥有百万台服务器,能够给予用户空前的存储和计算能力。云数据库支持用户在任意位置,使用各种终端来获取数据存储和管理服务。云服务提供商提供的云数据库不是传统的有形实体,而是通过虚拟化技术优化整合了所有云端的软硬件资源,实现自动分配数据,均衡负载,故障冗余,从而提供了云端存储资源的利用效率。

(4) 数据中台。数据中台是由阿里巴巴所提出的,主要是指通过数据技术,对海量数据进行采集、计算、存储、加工,同时统一标准和口径。数据中台将数据统一之后,会形成标准数据,再进行存储,形成大数据资产,从而为用户提供高效的服务。数据中台演进过程主要有 4 个阶段,第 1 阶段为数据库阶段,第 2 阶段为数据仓库阶段,第 3 阶段为数据平台阶段,第 4 阶段为数据中台阶段。数据中台演进过程如图 3.11 所示。

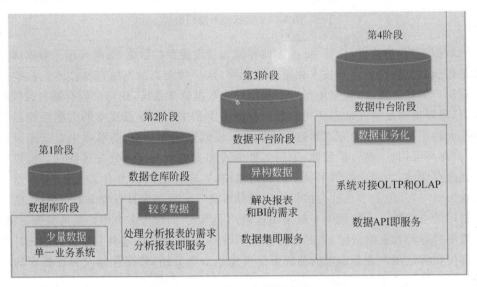

图 3.11　数据中台演进过程

作为第 1 阶段的数据库阶段,存储数据量不是很多,主要为结构化数据,其业务系统较为单一;作为第 2 阶段的数据仓库阶段相对第 1 阶段来说,存储的数据量有所增多,能够处理并分析数据报表的需求,体现的是分析报表即服务;作为第 3 阶段的数据平台阶段,能够利用大数据技术来洞察业务,能够解决报表及 BI 的需求,体现的是数据集即服务;作为第 4 阶段的数据中台阶段,其经过业务沉淀,形成有业务价值的数据服务,系统对接 OLTP 和 OLAP,体现的是数据 API 即服务。

数据中台能够根据实时数据采集的特性或者针对历史数据特性的分析,自动地选择数据处理的过程,或者推荐调整现有数据规则的参数,保证数据的质量,提升数据存储、处理及应用的效率。数据中台的实时化将是未来的发展趋势,未来的实时数据中台,将构建于实时数据湖和流式处理框架上,能够实现批流一体化的数据处理,数据的实时采集可以实时地输出结果。数据中台作为未来数据应用的基础平台,其建设是一项比较大的系统工程,主要包括支撑技术和产品,涉及顶层规划、组织架构及流程规范,需要厂家和客户密切配合才能切实有效地落地实现,以发挥其应用效能。

　　数据中心和数据仓库是数据中台建设的基础,数据平台的核心思想是数据共享。数据中台不同于大数据平台,数据中台相对于大数据平台,其距离业务会更近,能够更加精准和快速地响应业务和应用开发的需求。数据中台主要由 3 个部分组成,分别为数据仓库、大数据中间件及数据资产管理。数据仓库主要是用来存储海量数据的,可以存储的数据包括结构化数据、半结构化数据、非结构化数据、离线数据和实时数据等。大数据中间件主要包括大数据计算服务、大数据研发套件及数据分析和展现工具。数据资产管理主要分为垂直数据、公共数据及萃取数据。数据中台主要解决的是效率问题、协作问题及能力问题。数据中台整体架构采用的是云计算架构模式,将数据资源、计算资源、存储资源充分云化,并通过对资源整合打包进行开放,为用户提供一站式数据服务。

练 习 题

一、填空题

　　(1) 大数据采集不同于传统数据的采集,大数据采集的主要数据来源有_____、网络数据和_____以及_____等。

　　(2) 分布式存储系统是指将数据_____,其关键技术主要有_____、系统弹性扩展技术、_____以及_____。

二、选择题

　　(1) 常见的分布式文件系统主要有( )。

　　　　A. GFS、HDFS　　　　　　　　　　　B. Lustre、Ceph

　　　　C. GridFS　　　　　　　　　　　　　D. TFS

　　(2) HDFS 能够可靠地存储大规模的数据集,可以提高用户访问数据的效率,其特点主要有( )。

　　　　A. 存储数据巨大　　　　　　　　　　B. 流式数据访问

　　　　C. 支持多硬件平台　　　　　　　　　D. 高容错性、支持移动计算

三、简答题

　　(1) 什么是云存储? 云存储的方式有哪些?

　　(2) 数据仓库的概念是什么?

　　(3) 数据仓库与数据湖有什么区别?

　　(4) 数据仓库与数据库有什么区别?

　　(5) 数据仓库与数据中台有什么区别?

第4章 大数据管理

本章要点:

- 数据管理概述
- 数据模型的管理
- 主数据的管理
- 元数据的管理
- 数据质量的管理
- 数据安全的管理

    大数据管理是一个包括数据收集、数据存储、数据治理、数据组织以及管理和支付大型数据存储库的策略、过程和技术。大数据管理不同于传统数据管理,是指数据大小、形态超出典型数据管理系统采集、存储、管理和分析等能力的大规模数据集,且这些数据之间存在着直接或者间接的关联性,通过大数据技术可以从中挖掘出模式与知识。传统数据管理主要是指利用计算机硬件和软件技术对数据进行有效的收集、存储、处理和应用的过程。大数据管理中的数据清理、数据迁移、数据集成和数据准备,可便于在报告和分析中使用。大数据管理能够更好地帮助用户对数据进行分类和归类,能够更好地优化资源,更好地识别和预测行为。

4.1 数据管理概述

    数据管理(data management)是指对数据的分类、组织、存储、加工、检索、传递和维护等操作,这些操作是数据管理中的主要部分。数据管理的目的在于充分有效地发挥数据的作用,实现数据有效管理的关键是数据组织。随着计算机技术的发展,数据管理技术主要经历了4个阶段,分别为人工管理、文件系统、数据库管理系统和数据仓库。数据管理技术的发展阶段如图4.1所示。

    人工管理阶段,数据主要存储在磁带和纸带等介质上或者利用手工来进行记录,该阶段的特点主要有:不便于查询数据,冗余度高,数据不具有独立性,数据不便于长期保存等。

    文件系统阶段是从20世纪50年代后期开始的,此时计算机中的磁盘等直接存储设备开始普及,数据可以直接存储在磁盘上,并可以以文件的形式进行存储,可以通过文件系统来管理这些文件,不仅可以通过文件的存储路径和文件名来访问文件中的数据,还可以查看和修改这些文件。文件系统阶段的主要特点为:数据由文件系统来管理,数据可以长期保存,数据冗余大,共享性差,数据独立性差等。

    数据库管理系统阶段,主要使用专门的数据库来管理数据。该阶段的主要特点为:数

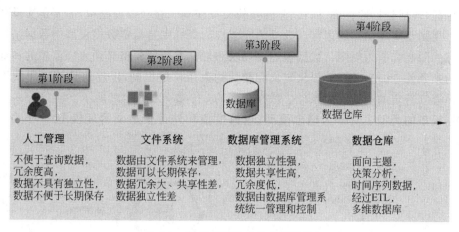

图 4.1　数据管理技术的发展阶段

据独立性强,数据共享性高,冗余度低。数据的独立性是指数据库中的数据与应用程序之间相互独立。数据共享是指数据库中的一组数据集合可为多个应用程序和多个用户共同使用。冗余度低指的是不同用户及不同应用可同时存取数据库中的数据,每个用户或应用只使用数据库中的一部分数据,同一数据可供多个用户或应用共享,从而减少了不必要的数据冗余。另外,在数据库系统中,数据是由数据库管理系统进行统一管理和控制,数据库可为多个用户和应用程序所共享,数据库管理系统可提供数据的安全性控制、数据的完整性控制、并发控制及数据恢复等多个方面的数据控制功能。

　　数据仓库作为一个数据集合,产生的原因如下:随着各类企事业单位信息化建设的逐步完善,单位信息系统产生的数据信息会越来越多,如何将各业务系统及其他档案数据中有价值的海量数据集中管理起来,并在此基础之上来建立分析模型,从而挖掘出有用的信息,并做出合理的分析与预测,是非常有意义的。

4.2　数据模型的管理

　　数据模型是现实世界数据特征的抽象,是构建数据库结构的基础和核心,是数据库的框架,该框架描述了数据及其联系的组织方式、表达方式和存储路径。各种机器上实现的DBMS(数据库管理系统)软件都是基于某种数据模型的,它的数据结构直接影响到数据库系统的其他部分的性能,是数据定义和数据操纵语言的基础。

1. 数据模型

　　数据模型是指用数学结构、标记和术语对现实世界中事物的特征、联系及行为进行抽象与模拟的模型。数据模型通常由数据结构、数据操作及数据的完整性约束规则 3 个要素组成。数据结构用于描述系统的静态特性,不同的数据模型可以采用不同的数据结构,如关系模型中,用字段、记录及关系等描述数据对象,并以关系结构的形式进行数据组织。数据操作是指施加于数据模型中数据的运算和运算规则,主要用于描述系统的动态特性,反应事物的行为特征,包括数据的查询、插入、删除及修改操作等。在数据模型中,需要定义操作的含义、符号、规则及实现操作的语言。数据的完整性约束规则是给定数据模型中数据结构和操作所具有的限制和制约规则。数据模型要反映和规定本数据模型必须遵守基本的和通用的完整性约束条件,此外,还需要提供定义完整性约束条件的机制,以反映具体应用所涉及的数据必须遵守特定的语义约束条件。数据模型的 3 个要素如图 4.2 所示。

数据模型的类型主要分为概念模型、逻辑模型和外部模型及物理模型 4 种,如图 4.3 所示。

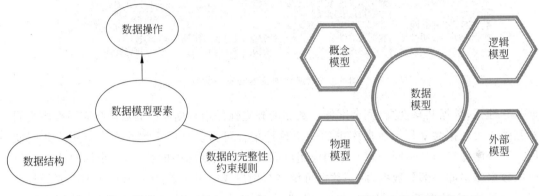

图 4.2　数据模型的 3 个要素　　　　　　　　　图 4.3　数据模型的类型

概念模型也称为信息模型或语义模型,是按照用户的观点对数据和信息建模,是对现实世界的事物及其联系的第一级抽象。概念模型主要面向应用领域,用来支持数据库设计者建立与现实世界相应的模型,以描述要开发的数据库所服务的应用领域,用于现实世界某个应用领域,如企业或公司等所涉及数据的建模。外部模型是面向应用程序员使用的数据库局部逻辑结构的模型,是数据库逻辑模型的子集。物理模型是面向数据库物理结构的模型,是数据库最底层的抽象。物理模型的具体实现是 DBMS 的任务,一般用户不必考虑物理模型实现的细节。逻辑模型是属于计算机世界中的模型,主要用于表达计算机观点下的数据库全局逻辑结构的模型,用来支持 DBMS(数据库管理系统)以建立数据库的模型。逻辑模型一般有 4 种,分别为层次模型、面向对象模型、关系模型和网状模型。层次模型是早期的数据模型,也被称为非关系模型。层次模型在 20 世纪七八十年代应用比较广泛,其中,典型性代表是 IBM 公司的 IMS 数据库管理系统。层次模型主要是用树形数据结构来表示各类实体以及实体间的联系,树形结构中,每个节点表示一个记录型,每个记录包含若干个字段;记录型描述的是实体,字段描述实体的属性,各个记录型及其字段都必须命名。网状模型可以清晰地表达非层次关系,采用有向图结构表示记录型与记录型之间的联系,可以更加直接地描述现实世界。在有向图结构中,每个节点表示一个记录型,每个记录型可以包含若干个字段,记录型描述的是实体。网状模型能够更为直接地描述客观世界,可表示实体间的多种复杂联系,具有更加良好的性能和存储效率。关系模型的数据结构是一张规范化的二维表,关系模型与非关系模型不同,关系模型有着较为严格的数学理论依据,数据结构简单、清晰,存取路径对用户透明,具有更高的独立性和更好的安全保密性。面向对象模型能够完整地描述现实世界的数据结构,具有丰富的表达能力。

2. 数据模型管理

数据模型是对现实世界数据特征的模拟和抽象,其内容为数据结构、数据操作及数据约束等,其作用是为数据库系统的信息表示提供了一个抽象的框架。模型可以更形象和直观地解释事物的本质特征,利用模型对事物进行描述是认识和改造世界过程中广泛采用的一种方法。数据库系统需要利用计算机技术来对客观事物进行处理,需要对客观事物进行抽象和模拟,以便于建立适合数据库系统进行管理的数据模型。数据模型是数据库系统的核心和基础,数据模型管理的目的是充分、有效地发挥数据的作用。

4.3 主数据的管理

主数据(master data)是指系统间的共享数据,是核心业务实体的数据,如客户、产品、订单及账户等。主数据是具有共享性的基础数据,能够在企业内跨越多个部门被重复使用。主数据也是企业的基准数据,数据来源较为单一,具有准确性和权威性,因此,有着较高的业务价值,是企业执行业务操作和决策分析的数据标准。

主数据具备高共享、高价值及相对稳定的特征,其中,高共享是指主数据是跨部门和跨系统高度共享的数据;高价值是指主数据是所有业务处理都离不开的实体数据,与大数据相比价值密度较高;相对稳定是指与交易数据相比,主数据是稳定的。主数据特征如图 4.4 所示。

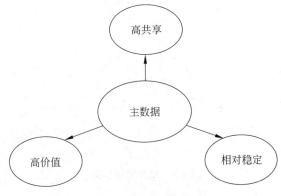

图 4.4 主数据特征

主数据管理是指管理核心数据。主数据管理围绕的是数据的管理,不会创建新的数据或新的垂直数据结构,能够提供规程和方法,使企业能够有效地管理存储在分布系统中的数据。

4.4 元数据的管理

元数据(metadata)又称为中介数据、中继数据,是描述数据的数据,也是描述数据属性的信息,用来支持如指示存储位置、历史数据、资源查找、文件记录等功能。元数据的本质是描述数据属性信息,主要有识别资源和评价资源等目的。比如,如果将当当网上的某一本书当作数据,那么,所有用来形容这本书的如书名和作者等信息都是这本书的元数据。对于企业来说,元数据是跟企业所使用的物理数据、业务流程及数据结构等有关的信息。元数据建立后可以共享,此外,元数据还是一种编码体系。元数据是一种结构化的数据,也是与对象相关的数据,不仅可以对信息对象进行描述,还能够描述资源的使用环境、管理、加工、保存和使用等方面的情况。如电子邮件,元数据用于将消息发送到正确的位置,然后正确地组织和显示信息等。元数据存储对数据结构、数据模型、数据模型和数据仓库的关系、操作数据的历史记录等内容进行记录。

1. 元数据

元数据是一个相对的概念,如果数据 D 对数据 E 进行描述,那么数据 D 就是数据 E 的元数据,但是如果数据 F 对数据 D 进行描述,那么数据 F 就是数据 D 的元数据。元数据按照其描述对象的不同,可分为技术元数据、业务元数据及管理元数据。技术元数据是描述数据系统中技术领域相关概念、关系及规则的数据,在企业数据管理中,主要是指存储关于数据管理系统如数据仓库系统的数据,是用于开发和管理该数据仓库所使用的数据。业务元数据是指从业务角度描述数据仓库中的数据,它提供一个介于使用者和实际系统之间的语义层。管理元数据是描述数据系统中管理领域相关概念、关系及规则的数据。元数据分类如图 4.5 所示。

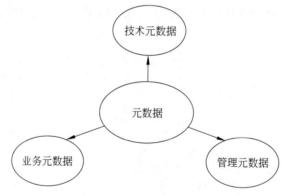

图 4.5　元数据的分类

元数据与主数据不同,元数据主要是指关于数据的数据,其数据量较小,数据更新频率较低,数据质量较高,数据生命周期较长,而主数据是指描述核心业务实体的数据,其数据量较大,数据更新频率较高,数据质量较低,数据生命周期较短,如表 4.1 所示。

表 4.1　元数据与主数据

数据	定　义	数据量	数据更新频率	数据质量	数据生命周期
元数据	元数据是指关于数据的数据,即对数据的描述信息	较小	较低	较高	较长
主数据	主数据是指描述核心业务实体的数据	较大	较高	较低	较短

元数据的本质是描述数据属性信息,其目的是识别和评价、追踪资源达到有效管理。元

数据架构如图 4.6 所示。

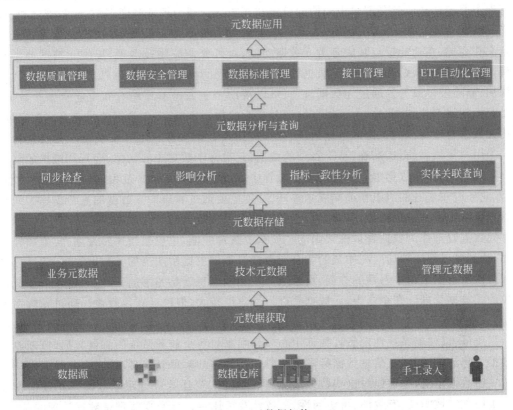

图 4.6　元数据架构

元数据架构中元数据获取途径主要有外部数据源、数据仓库及手工录入等。数据源主要有 ETL 工具、源系统和报表工具的元数据;数据仓库也是元数据获取的途径之一;手工录入部分主要有 Mapping 文档、任务配置及业务规则等。业务元数据是数据仓库环境的关键元数据。技术元数据是为了从环境中向数据仓库进行转化而建立的,主要包括数据属性、数据项及在数据仓库中的转换。技术元数据描述了关于数据仓库技术的细节,主要用于开发、管理和维护数据仓库,主要包含的信息有描述数据仓库的结构,如数据仓库的模式、层次、视图和维度等。管理元数据在元数据架构中也具有重要作用。元数据分析与查询功能主要实现针对元数据的基本分析与查询功能,主要包括影响分析、血缘分析、实体关联查询、实体影响分析和指标一致性分析等。元数据应用主要包括数据质量管理、数据安全管理、ETL 自动化管理、数据标准管理以及接口管理等。数据质量管理主要是指使用数据质量规则元数据进行质量测量。数据安全管理主要是使用元数据信息进行报表权限控制。ETL 自动化管理主要是使用元数据信息自动生成物理模型、ETL 程序脚本、任务依赖关系和调度程序。数据标准管理主要是使用元数据信息生成标准的维度模型。接口管理主要是使用元数据信息进行接口统一管理。

2. 元数据管理

大数据时代背景下,数据已经被公认为一项重要的资产。元数据管理是对数据的采集、存储、加工和展现等全生命周期的信息进行描述,帮助用户理解数据关系和相关属性。元数据管理主要包括相应的管理组织架构的设定和元数据管理的规章制度等,在此基础之上,再定义元数据管理流程。元数据管理工具可以了解数据资产分布及产生过程,实现元数据模型定义并存储,在功能层包装成各类元数据功能,对外提供应用及展现,提供元数据分类和建模,方便数据的跟踪和回溯。元数据管理可以实现针对元数据的基本管理功能,如元数据的添加、删除及修改等。通过元数据管理,可以帮助企业人员清晰地看到企业有哪些数据,主要存放在哪个位置,此外,也可以帮助清理企业的数据字典,实现数据的快速查询和定位。利用元数据管理可以为企业的数据治理、数据应用及数据服务打下扎实基础。元数据管理平台为用户提供高质量、准确、易于管理的数据,它贯穿于数据中心构建、运行和维护的整个生命周期。同时,在数据中心构建的整个过程中,数据源分析、ETL 过程、数据库结构、数据模型、业务应用主题的组织和前端展示等环节,均需要通过相应的元数据的进行支撑。元数据管理可以维护基础数据描述,是数据管理框架中一项重要的管理职能。

元数据管理作为数据管理框架中的一项重要管理职能,主要是指通过计划、实施和控制活动,从而可以便捷地访问高质量的整合元数据。如图书馆中图书的元数据管理,通过目录卡片可以进行图书馆中书籍的查询,目录卡片上面的信息就是图书的元数据,目录卡片就是简单的元数据管理。在企业中,元数据管理虽然难度较大,但也会获得收益。通过元数据管理,形成整个系统信息数据的准确视图,通过元数据的统一视图,可以缩短数据清理周期,提高数据质量,以便能系统性地管理数据中心项目中来自各个业务系统的海量数据,梳理业务元数据之间的关系,建立信息数据标准完善对这些数据的解释和定义,形成企业范围内一致和统一的数据定义,并可以对这些数据来源、运作情况、变迁等进行跟踪分析。元数据管理提高了信息的透明度、有效性、可访问性、一致性及可用性。元数据管理是数据治理的基础,通过元数据管理,能够形成系统化数据的准确视图,从而精准掌握和获取数据,将数据转为有价值的资产。

4.5 数据质量的管理

数据质量是开发数据产品,提供数据服务及发挥大数据价值的必要前提,是数据治理的关键因素。数据质量评估一般可以通过数据真实性、数据完整性、数据规范性、数据一致性、数据准确性、数据唯一性和数据关联性等多个方面进行。数据真实性主要是指数据必须真实、准确地反映客观的实体存在或真实的业务,真实可靠的原始统计数据是一切管理工作的基础。数据完整性主要是用于度量哪些数据丢失了或者哪些数据不可用。数据规范性主要是用于度量哪些数据未按照统一格式存储。数据一致性主要是用于度量哪些数据的值在信息含义上是有冲突的。数据准确性是用于度量哪些数据和信息是不正确的,或者数据是否是超期的。数据唯一性主要是用于度量哪些数据是重复数据或者数据的哪些属性是重复的。数据关联性主要是用于度量哪些关联的数据缺失或者未建立索引的。数据质量评估模型如图 4.7 所示。

影响数据质量的因素主要表现在信息因素、技术因素、流程因素和管理因素。信息因素是影响数据质量的一个主要方面;技术因素主要是指由于具体数据处理的各技术环节的异

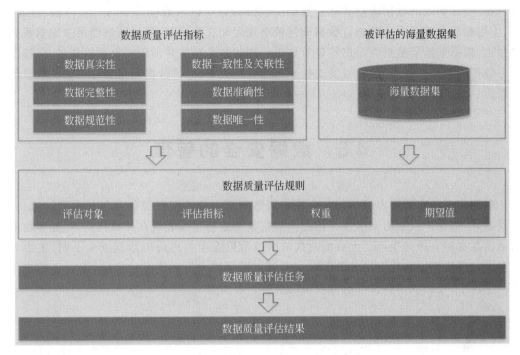

图 4.7　数据质量评估模型

常造成的数据质量问题,如数据模型设计的质量问题,数据源存在数据质量问题,数据传输过程的问题,数据装载过程的问题,数据存储的质量问题等;流程因素主要是指由于系统作业流程和人工操作流程设置不当造成的数据质量问题;管理因素主要是指由于人员素质及管理机制方面的原因造成的数据质量问题。

数据质量是数据分析和数据挖掘结果有效性和准确性的基础,也是最重要的前提和保障。大数据时代,如果没有好的数据质量,大数据将会对决策产生误导,甚至会产生不可估量的结果。为了保证数据能够更好地为企业或公司的战略提供正确的和有力的支撑,就必须要保证数据质量的准确。此外,还要进一步进行严格的数据质量监控,以保证数据质量的可靠性和高质量。

数据质量管理(data quality management)是指对数据从计划、获取、存储、共享、维护、应用、消亡生命周期的每个阶段里可能引发的各类数据质量问题进行识别、度量、监控、预警等一系列管理活动,并通过改善和提高组织的管理水平使得数据质量获得进一步提高。美国数据仓库研究院(TDWI)的教育与研究总监威恩·埃克森提出了一个由 9 个步骤组成的数据质量管理框架。具体的步骤为:第一步推出一个数据质量项目;第二步制订一个项目计划;第三步建立一个数据质量小组;第四、五步评估商务流程;第六步评估数据质量;第七步清洗数据;第八步改进商务实践;第九步持续监视数据。数据质量管理是循环管理过程,其目标是通过可靠性提升数据在使用中的价值。数据质量管理的过程包括规则制定,问题发现,质量剖析,数据清理,评估验证,持续监控等环节;同时还需要结合实践进行定制和优化。数据质量管理主要是从管理和机制方面来考虑,要建立一个合理的数据管理机构,并且还要制定数据质量管理机制,落实人员执行责任,保障组织间高效的沟通,合理监控数据应用过程,确保高效的数据质量管理。数据质量的管理可以从数据计划、产生、传输、存储、处理、应用和服务等多个环节制订数据质量控制流程和检查机制,通过测试结果来编制数据质量报告,根据数据质量报告反馈信息给数据处理的各个环节并加以完善数据质量,能够保障业务数据的稳定性和可靠性,以便支持正确的管理决策,通过数据质量管理可保证数据稳定可靠。

4.6　数据安全的管理

数据安全的实质是要保护信息系统或信息网络中的数据资源免受各种类型的威胁、干扰及破坏,以保护数据的安全性。传统的数据安全威胁主要表现在计算机病毒、黑客攻击及数据信息存储介质的损坏。大数据时代的海量数据安全与传统的数据安全不同,主要表现在海量数据成为网络攻击的显著目标。海量数据会加大隐私泄露的风险,不仅会被应用到攻击手段中,还会成为高级可持续攻击的载体。

1. 数据安全

数据是一种动态的资源,数据安全贯穿数据的全生命周期,包括数据的安全存储、安全传输、安全使用、安全披露、安全流转及跟踪等。数据安全存储方面,主要是进行数据存储加密。加密是防止原始数据被窃取之后导致里面的敏感信息泄露的典型手段,对于结构化数据可以采用应用层字段加密和存储系统透明加密两种方式。应用层字段加密主要是数据在入库前加密,直接向数据库中写入字段密文;存储系统透明加密是指加密仅在存储系统内部自动完成,应用系统还是继续使用明文。在不同存储场景,对敏感数据,如银行账号、身份证号、通信内容等进行限制或保护处理,避免因敏感数据泄露而导致大数据平台不安全或者用户隐私受到威胁。数据安全传输方面,主要目的是保障数据传输过程中的安全性,既要达到保密的效果,也要确定传输的内容完整无误,即没有被篡改。数据安全传输主要有两种方式,一是应用层数据加密和通道加密,建立一个安全的隧道,然后通过这个隧道传输明文内容;二是应用层数据加密和通道不加密,直接在不安全的网络上传输加密的内容。数据安全以数据的安全收集、安全使用、安全传输、安全存储、安全披露、安全流转与跟踪为目标,防止敏感数据泄露,并满足合规要求。数据安全如图 4.8 所示。

数据安全主要有两方面的含义,一是数据本身的安全,主要是指采用现代密码算法对数据进行主动保护,如数据保密和数据完整性等;二是数据防护的安全,主要是采用现代信息存储手段对数据进行主动防护,如数据备份等。数据安全的特点是机密性、完整性及可用性。机密性主要是指个人或团体的信息不为其他不应获得者获得;完整性主要是指在传输、存储信息或数据的过程中,确保信息或数据不被未授权的篡改或在篡改后能够被迅速发现;可用性主要是指以使用者为中心的设计概念。数据安全防护技术主要包括数据备份、双机容错、数据迁移、数据库加密、NAS 和磁盘阵列及磁盘安全加密等。

2. 数据安全管理

数据安全管理是指在数据安全治理设定的组织架构和政策框架下,从战术层面,对日常

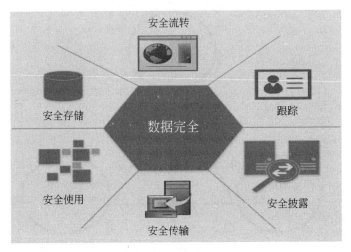

图 4.8 数据安全

的数据安全活动加以管理,执行日常管理决策,达成组织设定的数据安全目标。数据安全管理主要有项目管理、运营管理、合规与风险管理等。数据安全管理通过项目建设,支撑数据安全战略,没有安全防御工事和自动化防御能力,难以支撑起保障敏感数据不泄露的战略目标,这时安全项目首要解决的问题。另外,通过日常运营管理,支撑组织职责、管理问责与绩效考核。安全运营本质上是为了解决人员和组织方面的问题,促进各安全从业人员提升主观能动性,最大化安全业务价值,包括促进客户信任,提升产品或服务的竞争力,减少损失。最后是通过风险管理,支撑业务内外合规与风险可控。合规与风险管理可以总结为:定政策,融流程,降风险。定政策主要是指合规管理,包括建立并完善内部政策,使之符合法律法规的要求并作为内部风险改进的依据,另外通过合规认证与测评促进合规政策的体系改进和业务改进;融流程是指将安全活动在流程中落地,是管控风险的最佳手段;降风险是指风险管理,以内部政策为依据,在流程中及日常活动中,评估、识别、检测各业务的数据所面临的风险,根据严重程度对其定级,确定风险处置的优先级,并采取风险控制措施降低风险,防止风险演变为事故,以及对风险进行度量,提升整体数据安全能力。数据安全管理如图 4.9 所示。

随着大数据时代的到来,很多国家和组织对数据安全管理方面开始越来越重视,如美国、英国、欧盟和我国在内的多个国家及组织,都制定了大数据安全相关的法律法规和政策来推动大数据的利用和安全保护。美国对于数据安全管理方面,在 2014 年 5 月发布了《大数据:把握机遇,守护价值》白皮书,其中,对于美国在大数据应用与管理的现状、政策框架以及改进建议进行了阐述。2015 年,美国国防部规定所有为该部门服务的云计算服务提供商必须在境内存储数据;2016 年,美国国家税务总局发布规定,要求税务信息系统应当位于美国境内;2019 年,美国国会研究服务局发布了《数据保护法:综述》和《数据保护与隐私法律简介》报告,系统介绍了美国数据保护立法现状;2020 年,美国外国投资委员会外国投资审查法案最终正式生效,严控对 AI 等关键技术和敏感个人数据领域的外商投资,防止尖端技术数据和敏感个人信息外泄。

英国在数据安全管理方面,于 1998 年颁布了一项《数据保护法案》,该法案中明确规定

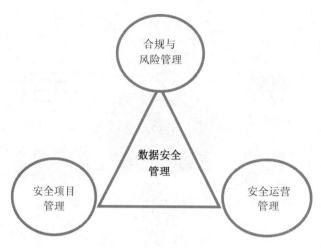

图 4.9　数据安全管理

了公民拥有获得与自身相关的全部信息和数据的合法权利。2012 年,英国内阁办公室发布《开放数据白皮书》,推进公共服务数据的开放,在该白皮书中专门针对个人隐私保护进行了规范。2019 年 7 月,英国数据保护机构就《数据共享行为守则》公开向社会征求意见,在该守则中对数据共享活动提出了以下几项具体的要求,一是开展数据保护影响评估,主要考虑的是:数据共享目的,共享数据类型,目的实现是否可以通过不共享数据或共享匿名化数据方式达成,共享数据对个人信息主题可能造成的侵害,共享数据对社会和个人潜在的收益与风险,不共享数据是否会造成伤害,是否有法定限制或其他因素对数据共享的限制,谁会访问这些共享的数据,共享数据是持续性的还是临时性的,共享数据的方式等;二是订立数据共享协议来帮助所有各方明确各自的角色,明确规定数据共享的目的,涵盖数据共享各阶段将要处理的事情以及确定数据共享的标准;三是贯彻问责制原则;四是确定共享数据的合法性基础;五是确保数据共享的公平性和透明度,保障数据主体法定权利;六是安全地处理个人数据。

　　欧盟在数据安全管理方面,于 1995 年制定了《计算机数据保护法》,2018 年 5 月 25 日出台了《通用数据保护条例》,该条例是欧盟处理、存储及管理个人信息的指导方针,其目标是保护所有欧盟公民在一个日益增长的数据驱动的世界中免受隐私和数据泄漏的影响。

　　中国在数据安全管理方面,于 2019 年 5 月由国家互联网信息办公室发布了《数据安全管理办法(征求意见稿)》,在该管理办法中对数据收集,数据处理使用及数据安全监督管理等方面进行了规定,该管理办法的出台有利于保护数据免受泄露、窃取、篡改和毁损及非法使用等,对于数据安全的保护,建立数据安全管理责任和评价考核制度,制订数据安全计划,实施数据安全技术防护,开展数据安全风险评估等方面起到了积极的作用。在数据处理使用方面,要采用数据分类、备份、加密等措施加强对个人信息和重要数据的保护;在数据安全管理监督方面,要通过数据安全管理认证和应用程序安全认证。2020 年 7 月,《中华人民共和国数据安全法(草案)》中提出要确立数据分级分类管理及风险评估,检测预警和应急处置等数据安全管理各项基本制度,明确了开展数据活动的组织、个人的数据安全保护义务,落实数据安全保护责任,坚持安全与发展并重,锁定支持促进数据安全与发展的措施,建立保障政务数据安全和推动政务数据开放的制度措施。在数据安全与发展方面,要坚持维护数据安全和促进数据开发利用并重,以数据开发利用和产业发展促进数据安全,以数据安全保障数据开发利用和产业发展。在数据安全制度方面,要建立集中统一和高效权威的数据安全风险评估、报告、信息共享和监测预警机制,加强数据安全风险信息的获取、分析和研判以及预警工作。建立数据安全应急处置机制,建立数据安全审查制度。

数据安全管理政策文件主要包括数据分级和分类,风险评估与定级指南,风险管理要求,事件管理要求,人员管理要求及业务连续性管理等。数据分级通常是按照数据的价值、敏感程度、泄露之后的影响等因素进行分级。数据分类通常是按照数据的用途、内容、业务领域等因素进行分类,数据分类可随着业务变化而动态变化。风险评估与定级有多种方法,如 ISO 27001、ISO 13335 等。信息安全评估指南等均包含风险评估的内容。风险管理要求主要包括风险所有者、风险指标、风险处置与闭环。其中,风险所有者这一角色的确定,对于风险管理来说非常重要,风险所有者是有责任、有义务管理业务安全风险的业务管理者;风险指标是按照不同的组织单元进行分解后的量化指标,主要包括各种风险等级、各种风险类型的风险数量以及风险收敛的比例和速度;风险处置与闭环方面,发现风险后应及时考虑降低风险的措施,如修复漏洞、启用安全防御策略等。事件管理要求方面,处置安全事件的主要原则是以快速恢复业务,降低影响为主要目的。人员管理要求需要遵循和配合相应的安全管理策略及流程。业务连续性管理主要是为了应对各种天灾人祸等异常情况而采取的预防性管理与技术措施。

数据安全贯穿数据发展的始终,是数据广泛应用和有序发展的前提与核心。随着数据安全管理办法及数据安全法的出台,数据安全相关要求及标准不断丰富,建立数据安全管理防护体系很有必要,主要应从技术、运维和管理三个维度进行,来实现数据的可视、可控及可管。数据安全管理防护体系的三个维度如图 4.10 所示。

大数据背景下,数据的安全问题越发明显,如棱镜门事件,维基解密,Facebook 数据滥用事件,手机应用软件过度采集个人信息,12306 网站数据泄露,免费 Wi-Fi 窃取用户信息以及收集个人隐私信息的探针盒子等。针对海量、多样化、快速和低价值密度的数据,需要数据管理机制对其进行规范管理和质量约束,使数据得到高效和科学的管理,为数据的有效应用和发挥数据价值提供科学支撑,此外,还要保障数据安全管理与数据价值利用的共同进步,这样才能高效地发挥数据资产的真正价值。

图 4.10　数据安全管理防护体系的三个维度

练　习　题

一、填空题

(1) 大数据管理是一个包括_____、_____、_____、_____、_____、过程和_____。

（2）数据管理技术主要经历了 4 个阶段，分别为 _____、文件系统、_____ 和 _____。

二、选择题

（1）数据模型的 3 个组成要素是（　　）。

  A. 数据结构   B. 数据的完整性约束规则

  C. 数据库   D. 数据操作

（2）数据安全管理防护体系的 3 个维度是（　　）。

  A. 技术   B. 运维   C. 管理   D. 加密

三、简答题

（1）数据管理技术发展有哪几个阶段？

（2）数据模型的类型有哪些？

（3）主数据管理与元数据管理有什么区别？

（4）什么是数据质量管理？

（5）什么是数据安全管理？

第 5 章　大数据分析与处理

本章要点：
- 数据分析概述
- 大数据分析
- 大数据处理

　　在大数据时代，数据在社会中扮演着越来越为重要的角色，然而数据通常并不能直接被人们利用。要想从大量的看似杂乱无章的数据中揭示其中隐含的内在规律，挖掘出有用信息，以指导人们进行科学的精准推断与决策，需要对海量的数据进行分析。数据分析是指用适当的统计分析方法对收集来的大量数据进行分析，提取有用信息和形成结论，从而对数据加以详细研究和概括总结。大数据分析是指无法在可承受的时间范围内用常规软件工具进行捕捉、管理和处理的数据集合，是需要新处理模式才能具有更强的决策力、洞察发现力和流程优化能力的海量、高增长率和多样化的信息处理模式。大数据分析的优势是能清楚地阐述数据采集、大数据处理过程及最终结果的解读。同时，提出模型的优化和改进之处，以便于提升大数据分析的商业价值。

　　在大数据分析中，对于获取到的数据首先想到的是从一个相对宏观的角度来观察一下该数据有什么特点，即分析一下该数据的特征。大数据分析并不只是选择最合适的数据分类算法，而是一个系统的、涉及范围较大的复杂工程，除了数据分类算法的选择外，还需要考虑到属性选择算法、数据选择算法、多分类算法、集成学习算法以及不均衡数据分类算法。如亚马逊推出了"未下单，先调货"计划，利用大数据分析技术，对网购数据进行关联挖掘分析，在用户尚未下单前预测其购物内容，提前将包裹发至转运中心，缩短配送时间；阿里巴巴通过智能图像识别、智能追踪、大数据分析建模等技术，从 10 亿量级的在线商品中发现假冒伪劣商品；美国大数据企业帕兰提尔（Palantir）公司通过对电话、网络邮件、卫星影像等进行大数据分析，协助美国中央情报局获取基地组织的准确位置信息，以帮助美军捕杀基地恐怖分子。通过大数据分析可挖掘出隐藏于深处的有用价值信息，从而为人们的科学决策提供依据。

5.1　数据分析概述

　　数据分析是指用适当的统计分析方法对收集来的海量数据进行分析，将其加以汇总、理解并消化，实现最大化地开发数据的功能，发挥数据的作用。利用数据挖掘进行数据分析的常用方法主要有分类、回归分析及聚类等。分类是找出数据库中一组数据对象的共同特点，并且按照分类模式将其划分为不同的类,其主要目的是通过分类模型,将数据库中的数据项映射到某个给定的类别;回归分析在大数据分析中是一种预测性的建模技术,研究的是因变量和自变量之间的关系;聚类是一种寻找数据之间内在结构的技术。

大数据分析是指对规模巨大的数据进行分析,并能够从海量的数据中挖掘出有价值的信息,其主要技术有深度学习、知识计算及可视化等。深度学习是机器学习和人工智能的一个重要组成部分,来源于人工神经网络研究和发展,是非监督式学习的一种,最早是由加拿大多伦多大学的辛顿教授提出的,通过 Pre-training 较好地解决了多层网络难以训练的问题,深度学习的优越性将人工智能推向了新的高潮。可视化能为大数据分析用户提供更加直观的数据呈现,为其辅助做出科学决策提供信息。

5.1.1 数据分析的概念

数据分析是指采用适当的分析方法对收集来的大量数据进行分析,提取有用信息和形成结论,对数据加以详细研究和概括总结的过程。数据分析是为了提取有用信息和形成结论而对数据进行详细研究和概括总结的过程,其目的是将隐藏在数据中的有用信息挖掘出来,从而为科学决策提供依据。数据分析一般具有比较明确的目标,可以根据数学分析得出的结果做出适当的判断,根据数据分析深度,可将数据分析分为描述性分析、预测性分析及规则性分析。描述性分析是指基于历史数据来描述发生的事件;预测性分析是用于预测未来事件发生的概率和演化趋势;规则性分析用于解决决策制定和提高分析效率。在统计学领域,数据分析还可分为探索性数据分析、描述性统计分析及验证性数据分析三种类型。探索性数据分析是指为了形成值得假设的检验而对数据进行分析的一种方法;描述性统计分析是指对调查总体所有变量的有关数据进行统计性描述,包括数据的频数分析和集中趋势分析、离散程度分析、分布以及一些基本的统计图形;验证性数据分析侧重于对已有假设的验证或者证伪。数据分析的结果可以通过列表和作图等方法表示,将数据按照一定的规律在表格中表示出来是常用的处理数据的方法,通过横向或纵向的对比可以清晰地看出数据之间的关系。

5.1.2 数据分析常用工具

数据分析常用的工具主要 Python 和 R 语言等多种。Python 是当前主流的数据分析工具;R 语言是属于 GNU 系统的一个自由、免费及源代码开放的软件,主要用于统计分析、绘图语言和操作环境;Spark 基于内存计算,内置多种丰富的组件,主要用于大规模数据的处理与分析。

1. Python

Python 是一种跨平台的计算机程序设计语言,其拥有 NumPy、SciPy、Pandas、Matplotlib 和 Scikit-learn 等功能齐全和接口统一的库,可为数据分析提供较好的基础,也是数据分析的首选语言。NumPy 是一个基础的科学计算库,是 SciPy、Pandas、Matplotlib、Scikit-learn 等许多科学计算与数据分析库的基础。NumPy 的最大贡献在于它提供了一个多维数组对象的数据结构,可以用于数据量较大情况下的数组与矩阵的存储和计算。SciPy同样也是一个科学计算库,与 NumPy 相比,它包含了统计计算、最优化、值积分、信号处理、图像处理等多个功能模块,涵盖了更多的数学计算函数,是一个更加全面的 Python 科学计算工具库。Pandas 是一个构建在 NumPy 之上的高性能的数据分析模块,它的基本数据结构包括 Series 和 DataFrame,分别处理一维和多维数据。Pandas 能够对数据进行排序、分组和归并等操作,也可以进行求和、求极值、求标准差、计算协方差矩阵等统计计算。Pandas提供了大量的函数用于生成、访问、修改、保存不同类型的数据,处理缺失值、重复值、异常值,并能够结合另一个扩展库 Matplotlib 进行数据可视化。Matplotlib 是一个绘图库,功能非常强大,可以绘制很多图形,主要包括直方图、折线图、饼图、散点图、函数图像等二维或三维图形,甚至还可以绘制动画。Matplotlib 不仅可以应用于数据可视化领域,还可以应用于科学计算可视化。Scikit-learn 是一个构建在 NumPy、SciPy 和 Matplotlib 上的机器学习库,包括多种分类、回归、聚类、降维、模型选择和预处理算法与方法。

　　Python 具有开源、面向对象、可嵌入和可扩展、可移植性等多个特点。开源方面,Python 是 FLOSS(自由/开放源码软件)之一,用户可以自由地发布软件的拷贝,阅读它的源代码,对它做改动,将它的一部分用于新的自由软件中。面向对象主要是指 Python 支持面向对象编程,其中,函数、模块、数字和字符串都是对象,此外,也支持面向过程编程。可嵌入和可扩展主要是指 Python 支持可扩展性,如果需要一段关键代码运行得更快或希望某些算法不公开,则可以把部分程序用 C++ 语言编写,之后在 Python 程序中使用,也可以将Python 嵌入 C/C++ 程序,从而向使用程序的用户提供脚本功能。可移植性主要是指Python 具有开源的本质,已经被移植到许多平台上。Python 具有广泛且庞大的标准库,支持许多常见的编程任务,如连接到 Web 服务器,使用正则表达式搜索文本;读取和修改文件等;除了标准库外,还有许多其他高质量的库,如 wxPython、Twisted 和 Python 图像库等。

　　Python 程序用于处理各种类型的数据,不同的数据属于不同的数据类型,支持不同的运算操作。Python 的数据类型主要包括基本数据类型、列表、元组、字典、集合等。基本数据类型主要有数值数据类型和字符串数据类型。数值数据类型包括整数型、浮点型、布尔型、复数型等。字符串数据类型中的字符串是一个有序字符的集合。基本数据类型如表 5.1所示。

表 5.1　基本数据类型

基本数据类型		关 键 字	说　　明
数值数据类型	整数型	int	表示整数,如 6、8
	浮点型	float	表示带小数点的数字,如 13.2
	布尔型	bool	值为 True 或 False,用于循环或判断
	复数型	complex	表示复数,如 3+4j
字符串数据类型	字符串	str	表示字符或字符串,如 hello beijing

　　Python 的数据类型中的列表是一个比较常用的数据类型,放在一个方括号内并以逗号分隔符隔开的一组数据可称为列表。在列表中,每一个元素都是可变的、有序的,且同一个

列表中的数据项类型可以不同。在列表中,使用下标索引列表中的值,也可以用方括号的形式截取。其代码如下:

```
>>>subject=['Computer','Big data','Cloud Computing']
>>>print(subject[1])
Big data
>>>
>>>print(subject[0:2])
['Computer','Big data']
```

Python 的数据类型中的元组与列表类似,使用小括号,但是元组的元素是不可修改的。创建一个元组,只需要在括号中添加元素并使用逗号隔开就可以。通过下标索引可以访问元组中的值,其代码如下:

```
>>>subject=('Computer','Big data','Cloud Computing')
>>>print(subject)
('Computer','Big data','Cloud Computing')
>>>print(subject[0])
Cloud Computing >>>print(subject[1:2])
('Big data','Cloud Computing')
```

Python 的数据类型中的字典是一种可变容器模型,可以存储任意类型的数据对象。字典是无序的对象集合,字典当中的元素是通过键来存取的。字典是写在花括号之间,用逗号分隔开的"键(key):值(value)"对集合。在字典中,数据以键值对的形式出现。通常情况下,键不能重复并且不能修改,但是值可以重复和修改,按照键的映射关系可以构建字典。将对应的键放入大括号里可以访问字典里的值,如果字典中无对应的键,则会输出错误,向字典里添加新内容的方法是增加新的键值对。

Python 的数据类型中的集合与数学中的集合概念类似,是一个由无序的、不重复的元素组成的集体,因此,集合没有切片和索引操作,可使用 set() 函数创建集合,也可以使用{}创建集合。

Python 程序通常包括输入和输出,以实现程序与外部世界的交互,程序通过输入接收待处理的数据,然后执行相应的处理,最后通过输出返回处理的结果。Python 内置了输入函数 input() 和输出函数 print(),使用它们可以使程序与用户进行交互。input() 函数从标准输入读入一行文本,默认的标准输入是键盘,input() 函数无论接收何种输入,都会被存为字符串。Python 输出值的方式有 3 种,分别为表达式语句、print() 函数和字符串对象的 format() 方法。Python 提供了两种类型的循环语句,分别为 while 循环语句和 for 循环语句。while 循环语句主要用于在某种条件下循环执行的某段程序,以处理需要重复处理的任务。for 循环是一种遍历型的循环,因为它会依次对某个序列中全体元素进行遍历,遍历完所有元素后便终止循环。

Python 软件及文档可以在 Python 官网下载,网址为:http://www.Python.org/;Python 文档下载地址:www.Python.org/doc/。在 Python 官网可以获取 Python 最新的源码、二进制文件以及新闻资讯等,在 Python 文档下载地址可以下载 HTML、PDF 和 PostScript 等格式的文档。Python 官方网站如图 5.1 所示。

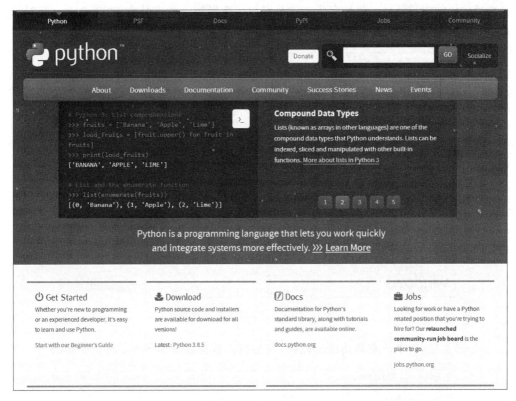

图 5.1　Python 官方网站

Python 已经被移植在许多平台上,可以根据需要为这些平台安装 Python,但是在不同的平台上,安装 Python 的方法是不同的,本书是基于 Windows 平台。选择下载后的安装包,双击打开安装包,如图 5.2 所示。

图 5.2　Python 3.8.5 版本安装方式

通常有两种安装方式:第一种是采用默认的安装方式;第二种是自定义安装方式,可以自己选择软件的安装路径。两种安装方式都可以。选择第一种安装方式（单击 Install Now），并选中 Add Python 3.8 to PATH 选项，安装界面如图 5.3 所示。

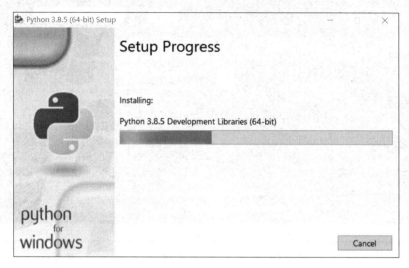

图 5.3　Python 3.8.5 版本的安装界面

Python 3.8.5 版本的安装速度比较快，安装完成后会显示如图 5.4 所示的界面。

图 5.4　安装成功的界面

　　Python 数据分析常用类库主要有 IPython、NumPy、SciPy、Pandas、Matplotlib、Scikit-learn 和 Spyder 等。IPython 是 Python 科学计算标准工具集的组成部分，它将其他所有相关的工具联系在一起，为交互式和探索式计算提供了一个强健而高效的环境。NumPy 是 Numerical Python 的简称，是一个 Python 科学计算的基础包，它提供了快速高效的多维数组对象 ndarray，对数组执行元素级计算以及直接对数组执行数学运算的函数，读/写硬盘上基于数组的数据集的工具等。NumPy 除了能为 Python 提供快速的数组处理能力外，在数据分析方面还有另外一个主要作用，即作为算法之间传递数据的容器。SciPy 基于 Python 的开源代码，是一组专门解决科学计算中各种标准问题域的模块的集合。Pandas 是

Python 的数据分析核心库。Pandas 为时间序列分析提供了很好的支持，它提供了一系列能够快速和便捷地处理结构化数据的数据结构和函数。Pandas 兼具 NumPy 高性能的数组计算功能以及电子表格和关系型数据库灵活的数据处理功能，它提供了复杂精细的索引功能，以便便捷地完成重塑、切片和聚合以及选取数据子集等操作。Matplotlib 是最流行的用于绘制数据图表的 Python 库，是 Python 的 2D 绘图库。Scikit-learn 是一个简单且有效的数据挖掘和数据分析工具，可以供用户在各种环境下重复使用。Spyder 是一个强大的交互式 Python 语言开发环境，提供高级的代码编辑和交互测试以及调试等特性，支持 Windows、Linux 和 OS X 系统。

当前，数据分析软件中，其主流的工具是 Python。Python 数据分析具有功能强大等多个方面的优势。此外，Python 语法简单精练，相对于其他语言，Python 较为容易上手。Python 拥有很多功能强大的库，可以结合它在编程方面的强大实力，只使用 Python 这一种语言去构建以数据为中心的应用程序。

2. R 语言

R 语言是一个自由、免费和源代码开放的软件，是一种可编程的语言，具有很强的互动性，所有 R 的函数和数据集是保存在程序包里面的，主要用于统计分析。R 语言作为一种统计分析软件，可以运行在 UNIX、Linux、Windows 和 Mac OS X 等平台。在 R 语言的官方网站上可以下载 R 语言的源代码和 UNIX、Linux、Windows 和 Mac OS X 等平台的编译好的二进制版本，R 语言的下载地址为 http://www.r-project.org/，R 语言的官方网站如图 5.5 所示。

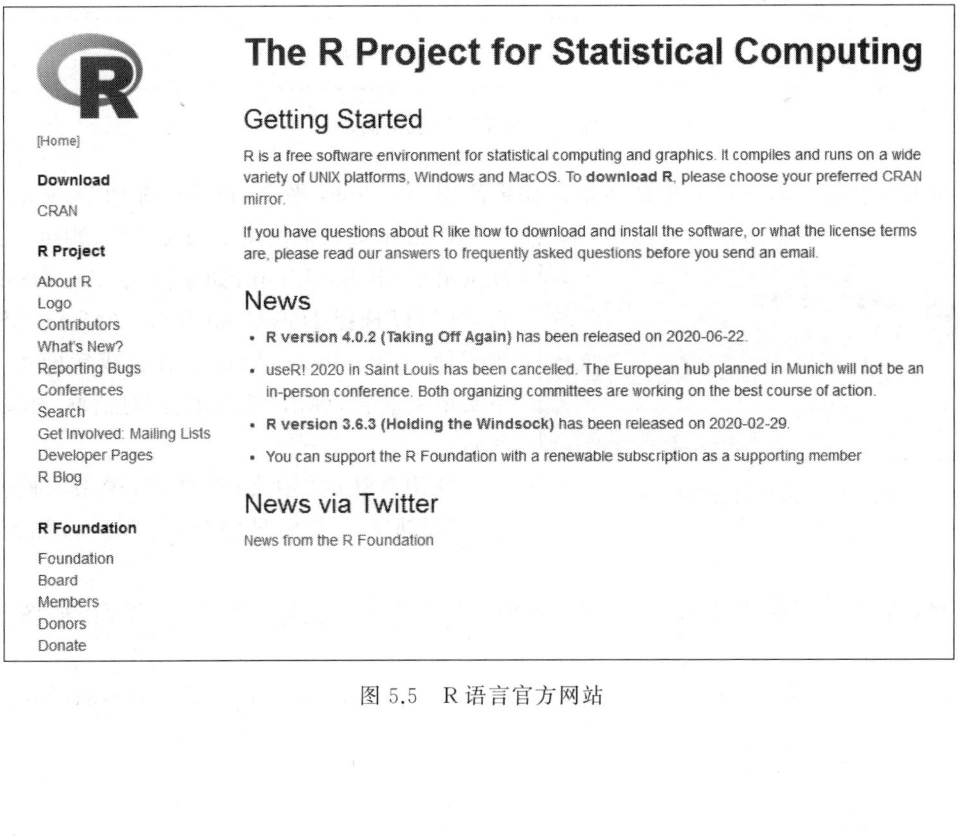

The R Project for Statistical Computing

[Home]

Download

CRAN

R Project

About R
Logo
Contributors
What's New?
Reporting Bugs
Conferences
Search
Get Involved: Mailing Lists
Developer Pages
R Blog

R Foundation

Foundation
Board
Members
Donors
Donate

Getting Started

R is a free software environment for statistical computing and graphics. It compiles and runs on a wide variety of UNIX platforms, Windows and MacOS. To **download R**, please choose your preferred CRAN mirror.

If you have questions about R like how to download and install the software, or what the license terms are, please read our answers to frequently asked questions before you send an email.

News

- **R version 4.0.2 (Taking Off Again)** has been released on 2020-06-22.
- useR! 2020 in Saint Louis has been cancelled. The European hub planned in Munich will not be an in-person conference. Both organizing committees are working on the best course of action.
- **R version 3.6.3 (Holding the Windsock)** has been released on 2020-02-29.
- You can support the R Foundation with a renewable subscription as a supporting member

News via Twitter

News from the R Foundation

图 5.5　R 语言官方网站

选择 R 语言官方网站中的 To download R 并单击,进入下载页面,选择在中国的镜像服务器,以获取最快的下载速度,如图 5.6 所示。

```
China
        https://mirrors.tuna.tsinghua.edu.cn/CRAN/
        https://mirrors.bfsu.edu.cn/CRAN/
        https://mirrors.ustc.edu.cn/CRAN/
        https://mirror-hk.koddos.net/CRAN/
        https://mirrors.e-ducation.cn/CRAN/
        https://mirror.lzu.edu.cn/CRAN/
        https://mirrors.nju.edu.cn/CRAN/
        https://mirrors.tongji.edu.cn/CRAN/
```

图 5.6　选择下载来源(镜像)

单击 https://mirrors.tuna.tsinghua.edu.cn/CRAN/,进入 R 语言下载页面,如图 5.7 所示。

```
                    The Comprehensive R Archive Network
Download and Install R

Precompiled binary distributions of the base system and contributed packages, Windows and Mac users most likely want one of these versions of R:

 • Download R for Linux
 • Download R for (Mac) OS X
 • Download R for Windows

R is part of many Linux distributions, you should check with your Linux package management system in addition to the link above.
Source Code for all Platforms

Windows and Mac users most likely want to download the precompiled binaries listed in the upper box, not the source code. The sources have to be
compiled before you can use them. If you do not know what this means, you probably do not want to do it!

 • The latest release (2020-06-22, Taking Off Again) R-4.0.2.tar.gz, read what's new in the latest version.

 • Sources of R alpha and beta releases (daily snapshots, created only in time periods before a planned release).

 • Daily snapshots of current patched and development versions are available here. Please read about new features and bug fixes before filing
   corresponding feature requests or bug reports.

 • Source code of older versions of R is available here.

 • Contributed extension packages
Questions About R

 • If you have questions about R like how to download and install the software, or what the license terms are, please read our answers to
   frequently asked questions before you send an email.
```

图 5.7　R 语言下载页面

根据自己的平台选择对应的版本。如果使用 Windows 平台,则可以选择 Download R for Windows;如果使用 Linux 平台,则可以选择 Download R for Linux;如果使用 Mac OS X 平台,则可以选择 Download R for(Mac)OS X。本书使用 Windows 平台,下载完成后即可双击下载的安装包,弹出"选择语言"对话框,如图 5.8 所示。

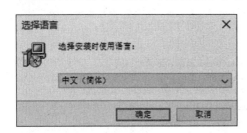

图 5.8　"选择语言"对话框

使用默认的"中文(简体)",单击"确定"按钮,即可进入安装向导的"信息"界面,如图 5.9 所示。

在安装向导界面中单击"下一步"按钮,即可进入"选择安装位置"界面,如图 5.10 所示。

单击"浏览…"按钮,选择安装位置,单击"下一步"按钮,即可进入下一个界面,如图 5.11 所示。

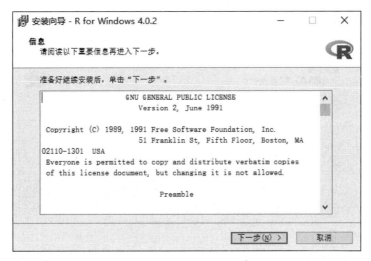

图 5.9　安装向导的"信息"界面

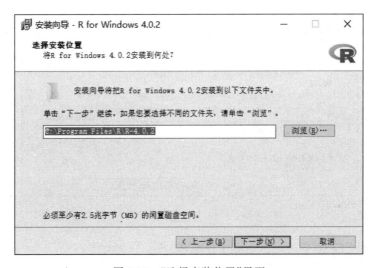

图 5.10　"选择安装位置"界面

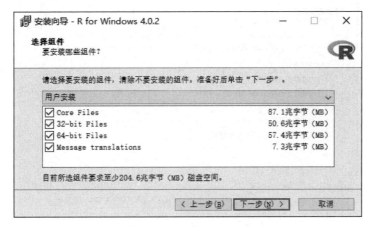

图 5.11　"选择组件"界面

单击"下一步"按钮,即可进入下一个界面,如图 5.12 所示。

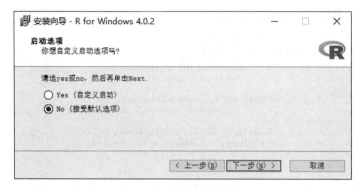

图 5.12 "启动选项"界面

单击选择 No(接受默认选项),单击"下一步"按钮,即可进入下一个界面,如图 5.13 所示。

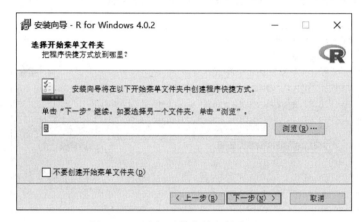

图 5.13 "选择开始菜单文件夹"界面

单击"下一步"按钮,即可进入下一个界面,如图 5.14 所示。

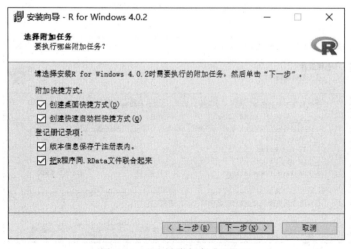

图 5.14 "选择附加任务"界面

单击"选择附加任务"界面中的"附加快捷方式"中的"创建桌面快捷方式""创建快速启动栏快捷方式"以及"登记册记录项"下方的两个选项,然后单击"下一步"按钮,开始 R 语言的安装,如图 5.15 所示。

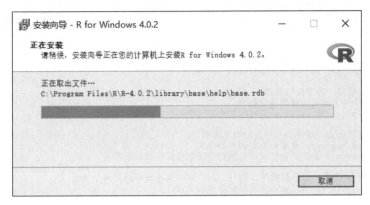

图 5.15　"正在安装"界面

R 语言的安装过程会根据计算机性能不同,需要花费几十秒到几分钟的时间。当 R 语言安装完成后,即可看到安装完成的界面,如图 5.16 所示。

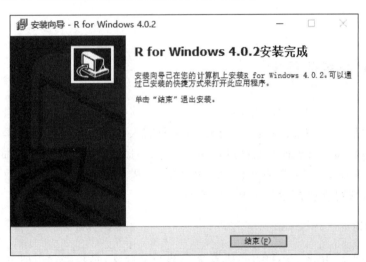

图 5.16　R 语言安装完成

选择"开始"→"所有程序"→R→R x64 4.0.2 命令,启动 R 语言的 RGui 4.0.2 图形控制台,如图 5.17 所示。

R 语言的界面主要由菜单、快捷按钮和主窗口等部分组成,其中,主窗口既是命令输入窗口,也是部分运算结果的输出窗口,有些图形的运算结果会在新建的窗口中输出。主窗口上方的文字是刚进入 R 语言环境的一些版本说明、软件授权介绍及指引,文字下面的">"符号是 R 语言的命令提示符,在其后可以输入命令。

R 语言是一种交互式大数据分析的新方法,它的增长速度非常快,已经发展出了大量扩展包,非常适用于一次性使用的自定义大数据源分析应用程序,此外,R 语言也是专门用于拓展数据分析多样性的工具。

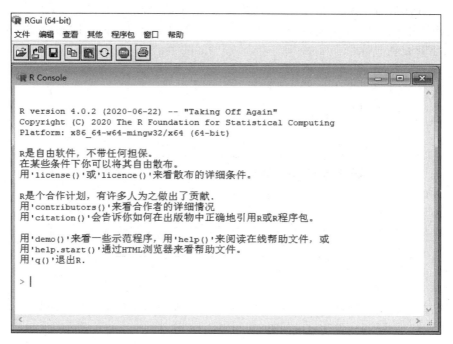

图 5.17　RGui 4.0.2 启动界面

5.1.3　数据分析的技术

数据分析的主要技术有深度学习和知识计算等,其中,深度学习是一种能够模拟出人脑的神经网络的机器学习方式,从而能够让计算机具有人一样的智慧。深度学习不需要用户去进行特征提取,而是自动地对数据进行筛选,自动地提取数据高维特征。知识计算是数据分析的一种主要技术,如果要对数据进行高端分析,需要从大数据中先抽取出有价值的知识,并把它构建成可支持查询和分析与计算的知识库。

1. 深度学习

深度学习(deep learning,DL)是机器学习的一个分支,是机器学习研究中的一个新的领域,使用多层算法来分析数据,其目的在于建立和模拟人脑进行分析学习的神经网络。它模仿人脑的机制来解释数据,其实质是通过构建具有很多隐藏的机器学习模型和海量的训练数据来学习更有用的特征,从而提升分类或预测的准确性。深度学习最早由加拿大多伦多大学的辛顿教授提出的,通过 Pre-training 较好地解决了多层网络难以训练的问题,深度学习的优越性将人工智能推向了新的高潮。

深度学习能够很好地表示数据的特征,模型的层次、参数多且容量足够,因此,模型可以表示大规模数据。深度学习模型能够在大规模训练数据上取得更好的效果。深度学习模型主要有深信网、深度波耳兹曼机、栈式自动编码器、卷积神经网络等,其中,深信网的核心思想为层层堆叠多个 RBM 组成的深度网络,逐层进行预训练,每一层学习过程即为 RBM 训练过程。预训练完成后,将网络展开为深层次前向网络。再运用 BP 算法进行微调。深度波耳兹曼机的核心思想为借鉴能量模型 RBM 的基本思想,通过增加 RBM 的隐藏数量而构造成深度网络,学习过程同 RBM 相似,但层次增多。深信网模型的优点主要是对数据进行更好的特征学习,训练方便;深度波耳兹曼机的优点是更好地学习数据的深层隐特征,有利于分类或可视化。栈式自动编码器的核心思想为通过组合多个自动编码网络而构造的深度网络,首先逐层贪婪预训练,每一层学习过程同 BP 算法一致,预训练完成后,将网络展开为深层次前向网络,再运用 BP 算法进行整体微调。栈式自动编码器模型的优点是解决无标签数据的特征学习过程,在模式识别方面应用广泛。卷积神经网络的思想为针对二维数据设计的一种模拟的功能结构,是通过多次卷积和池化过程构造的深度网路,网络的训练含有"权共享"和"稀疏"的特点,学习参数过程类似于 BP 算法。卷积神经网络模型的优点是学习能力强,特征提取方面效果很好,分类正确率高。

在开始深度学习项目之前,需要选择一个合适的框架,这样就降低了深度学习研究的入门门槛。选择一个好的框架会起到事半功倍的作用。当前,比较流行的深度学习框架有TensorFlow、PaddlePaddle、Caffe、CNTK、Torch、Theano、MXNet、PyTorch 等。TensorFlow 是基于 Python 语言编写,通过 C/C++ 引擎加速,是 Google 开源的第二代深度学习框架。PaddlePaddle 是以百度多年的深度学习技术研究和业务应用为基础,是一个开源开放、技术领先及功能完备的产业级深度学习平台。Caffe 是一个基于 C++ 语言编写的兼具表达性、速度及思维模块化的深度学习框架,其特点是清晰易辨,可读性高及学习快速等。CNTK是微软公司出品的开源深度学习工具包,可以运行在 CPU 上。也可以运行在 GPU 上。CNTK 的所有 API 均是基于 C++ 设计,因此,在速度和可用性上比较好。Torch 是由Facebook 用 Lua 语言编写的开源计算框架,支持机器学习算法,具有较好的灵活性和速度,实现并且优化了基本的计算单元,可以很简单地在此基础上实现自己的算法,不用在计算优化上耗费精力。Theano 是基于 Python 的深度学习开源框架,是一个擅长处理多维数组的Python 库,比较适合与其他深度学习库结合起来进行数据探索,高效地解决多维数组的计算问题。MXNet 主要是由 C/C++ 语言编写,提供多种 API 的机器学习框架,面向 R 和Python 等语言,当前已被 Amazon 云服务作为其深度学习的底层框架。PyTorch 是一个Python 优先的深度学习框架,能够在强大的 GPU 加速的基础上实现张量和动态神经网路。深度学习软件框架如图 5.18 所示。

在支持的系统上,TensorFlow、PaddlePaddle、Caffe、CNTK、Torch、Theano、MXNet、PyTorch 等框架基本都支持 Linux 和 Windows 这两个主流系统。深度学习当前主要应用在教育、文字识别、语义分析以及智能监控等多个领域。此外,在病患状态分析等方面也有应用。对于患者的治疗过程,一般医生会留下病例,病例上会记载患者的病情状况、检查结果、医生的诊断及治疗方案;对于重症的病人,病历的内容更加丰富,甚至包括专家会诊意见等信息。对于某一种疾病,可以收集海量的病例数据,可以通过深度强化学习来训练出一个病患状态分析模型。

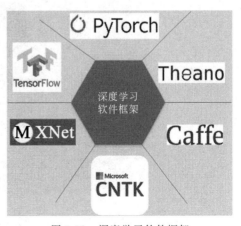

图 5.18　深度学习软件框架

深度学习主要以集中方式解决问题,可以不用进行问题拆分,但是需要海量的数据进行训练。深度学习算法可对海量的数据进行完美的理解,相对于其他算法具有更加明显的优势。

2. 知识计算

知识计算是从大数据中首先获得有价值的知识,并对其进行进一步深入计算和分析的过程。知识计算的基础是构建知识库,知识库中的数据是显式的知识。知识计算主要包括属性计算、关系计算及实例计算等。知识计算应用方面,如华为的一站式端到端的知识计算服务,可为客户提供一站式全流程全周期的知识图谱平台服务,此外还有清华大学 AI 研究院推出的知识计算开放平台以及百度的中文知识图谱搜索等。

5.1.4　数据分析的类型

数据分析的类型主要有离线数据分析、在线数据分析、定性数据分析、探索性数据分析。离线数据分析主要用于较复杂和耗时的数据分析和处理,通常构建在云计算平台之上,如开源的 HDFS 文件系统和 MapReduce 运算框架。在线数据分析也称为联机分析处理,主要用来处理用户的在线请求,它专门设计用于支持复杂的分析操作。在线数据与离线数据不同,在线数据分析能够实时处理用户的请求,允许用户随时更改分析的约束和限制条件。定型数据分析又称为定性资料分析,是指对诸如词语、照片及观察结果之类的非数据型数据的分析。探索性数据分析是指对已有数据在尽量少的先验假设下通过作图、制表、方程拟合、计算特征量等手段探索数据的结构和规律的数据分析。数据分析的类型如图 5.19所示。

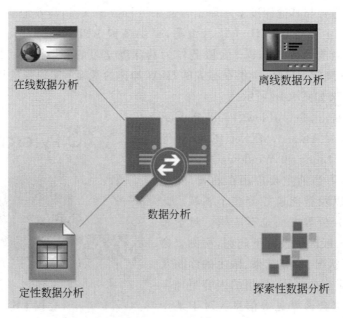

图 5.19　数据分析的类型

5.1.5　数据分析的流程

　　数据分析的流程可以从逻辑过程和技术过程两个方面来理解。数据分析的逻辑过程方面主要分为业务理解、数据采集、数据清洗、数据变换、特征工程、数据建模和数据展现等多个阶段。其中,第一个阶段就是业务理解,业务理解的实质就是识别需求。识别信息需求是确保数据分析过程有效性的首要条件,可为数据分析提供清晰的目标。数据采集,数据清洗及数据变换是数据认知阶段,通过数据认知可以获得关于数据的外在特征。特征工程是指将数据属性转换为指标的过程。数据建模是从内涵视角认识数据,包括聚类分析,决策树分析及回归分析等。数据展现一般是通过柱形图或饼状图等可视化图形来对结果进行直观展示。数据分析的技术过程主要分为数据采集(Flume 或 Python),数据清洗(Kafka 或 MapReduce),存入 HBase,Hive 统计和分析,存入 Hive 表,Sqoop 导出,MySQL 数据库以及 Web 展示等。数据分析的流程如图 5.20 所示。

图 5.20　数据分析的流程

　　数据分析的流程从整体上来说可以分为 6 个步骤,分别为数据采集、数据存储、数据信息抽取及无用信息的清洗、数据整合及表示、数据建模和数据展现。数据采集是数据分析中的第一步,是数据分析的前站,是实现数据价值挖掘的基础。数据的采集有基于物联网传感器的采集,也有基于网络信息的采集。数据采集的来源主要有 Web 信息系统、物理信息系统、科学实验系统和管理信息系统等。数据采集的方法主要有系统日志采集方法、网络数据采集方法以及其他数据采集方法等。数据存储是数据分析流程中的第二步,是实现数据信息抽取及无用信息清洗的基础。数据信息抽取及无用信息的清洗是指从海量的数据中抽取有用信息。数据整合及表示是指将数据结构和语义关系转换为机器能够读取理解的格式。数据建模是进行数据展现的基础,数据展现是指运用可视化技术对结果进行展示,以方便用户更加直观地理解数据。

5.1.6　数据分析的算法

　　数据分析是从海量的数据中挖掘有价值信息的过程,以机器学习算法为基础,通过模拟人类的学习行为,来获取新的知识或技能,不断完善分析的过程。数据分析算法中常用的算法主要有数据关联规则分析算法、K-临近算法、AdaBoost 算法、决策树算法、聚类算法等。

1. 数据关联规则分析算法

　　数据关联规则分析算法是数据分析算法中比较常用的一种算法,关联规则分析在从看似无关的数据中提取出易于理解的关系型数据,再将数据关系转换为数据价值。Apriori 算法是关联规则分析中较为典型的频繁项集算法,最早是由 Agrawal 等设计提出,主要应用于消费市场的价格分析、预测顾客的消费习惯等。Apriori 算法利用频繁项集的先验知识,不断地按照层次进行迭代,计算数据集中所有可能的频繁项集。分析主要有两个主要部分,分别为根据支持度找出频繁项集和根据置信度产生关联规则。其中,根据支持度找出频繁项集方面,频繁可以理解为数据的频率,所筛选出的项集频率不得低于支持度,频繁项集是指经常出现在一起的物品的集合,如果满足最小支持度的频繁项集中包含 K 个元素,则称作频繁 K 项集。根据置信度产生关联规则方面,以示例方式了解支持度和置信度,如果有两种商品,分别是计算机和网卡,则支持度表示购买计算机和网卡的同时概率。如果支持度为 3%,则表示有 3% 的消费者在购买了计算机的同时也购买了网卡。置信度表示在购买网卡的前提下购买计算机的概率,如果置信度为 30%,则表示在购买了网卡的消费者中有30% 同时购买了计算机。

2. K-邻近算法

K-邻近算法(K-nearest neighbor,KNN)是一种用于分类和回归的统计方法,查找的是最邻近的 K 个样本点,通过以某个数据为中心,分析离其最近的 K 个邻居特征,获得该数据中心的可能特征。K-邻近算法是给定一个训练数据集,对新的输入实例,在训练数据集中找到与该实例最近的 K 个实例,这 K 个实例的多数属于某个类,就把该输入实例分类到这个类中。K-邻近算法示意图如图 5.21 所示。

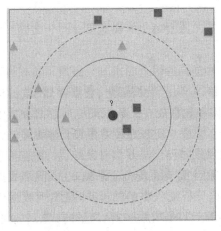

图 5.21 K-邻近算法示意图

图 5.21 中有两类不同的样本数据,分别用三角形和正方形表示,正中间的圆形所表示的数据则是待分类的数据。图 5.21 中,圆点是待分类点,此时,$K \geqslant 1$。如果 $K = 3$,则实线内圆形最近的 3 个邻居是两个正方形和 1 个三角形,少数从属于多数,基于统计的方法,判定圆形的待分类点属于正方形一类。如果 $K = 5$,圆形最近的 5 个邻居是3 个三角形和 2 个正方形,还是少数从属于多数,基于统计的方法,判定圆形属于三角形一类。可见,在 K-邻近算法示意图中,不同的 K 值会导致不同的预测结果。

3. AdaBoost 算法

AdaBoost 算法是一种经典的集成学习算法,是基于 AdaBoost 算法把若干个分类器组合成一个分类器的方法。若干分类器为不同的分类器,因此,AdaBoost 也是一种组合型算法,将最终组合成的分类器作为数据分类的模型。AdaBoost 算法广泛应用于数据分类和人脸检测等。AdaBoost 算法具体流程如下。

首先给定一个训练数据集 $T = \{(x_1,y_1),(x_2,y_2),\cdots,(x_N,y_N)\}$,其中,$x_i \in X$,$y_i \in Y = \{-1,1\}$。从这些训练数据中学习一系列弱分类器,然后将这些弱分类器组合成强分类器就是 AdaBoost 算法的最终目的。第一步是初始化训练数据的权值分布。第二步是进行多轮迭代,用 m 表示迭代的次数。选择具有权值分布的训练数据集学习,得到弱分类器,用误差率最小的阈值来设计弱分类器,即"$G_m(x):x \rightarrow \{-1,1\}$"。$G_m(x)$ 在训练数据集

上的分类误差率 ε 就是被分类错误的样本的权值之和,即 $\varepsilon = P(G_m(x_i) \neq y_i)$。计算 $G_m(x)$ 的系数,α 表示 $G_m(x)$ 在最终得到的强分类器中的重要程度,即得到弱分类器在最终分类器中所占的权重。$\alpha = \ln()$,从该式子中可以得知,当 $\varepsilon \leqslant \dfrac{1}{2}$ 时,$\alpha \geqslant 0$,且随着 ε 的减小而增大。第三步则为 $G(x) = \text{sign}(G_m(x))$。

AdaBoost 算法的主要框架可以描述为经过多次循环迭代,更新实体样本分布,寻找当前分布下的最优弱分类器,并计算弱分类器的误差率。多次训练弱分类器,并将训练后的弱分类器整合。AdaBoost 算法的自适应在于它利用前一个弱分类器分错的样本来训练下一个弱分类器,对于噪声数据和异常数据非常敏感。AdaBoost 算法的优点主要集中表现在5 个方面,一是准确率得到大幅度提高;二是分类速度快,且基本不用调参数;三是过拟合的情况几乎不会出现;四是在构建子分类器时有多种分类方法可以使用;五是方法简单,容易理解和掌握且不用做特征分类。

4. 决策树算法

决策树算法是以实例为基础的归纳学习算法,通常用来形成分类器和预测模型,它可以对未知数据进行分类或预测、数据预处理和数据挖掘等。决策树是一种基本的分类与回归方法,决策树模型呈树形结构,在分类问题中,表示基于特征对实例进行分类的过程。决策树的典型算法主要有 ID3、C4.5 以及 CART(classification and regression tree)算法等。ID3 算法是一种贪心算法,用来构造决策树。ID3 算法最早是由罗斯坤(J.Ross Quinlan)于1975 年在悉尼大学提出的,该算法以信息论为基础,以信息熵和信息增益度为主要衡量标准,从而实现对数据的归纳分类。C4.5 算法是 J.Ross Quinlan 基于 ID3 算法改进后得到的另一个分类决策树算法。C4.5 算法继承了 ID3 算法的优点,且改进后的算法产生的分类规则易于理解,准确率高。CART 算法是分类回归树算法,是决策树的一种实现。CART 算法主要由决策树生成和决策树剪枝两部分组成。决策树生成基于训练数据集生成决策树,生成的决策树要尽量大;决策树剪枝用验证数据集对已生成的树进行剪枝并选择最有子树,这时用损失函数最小作为剪枝的标准。

5. 聚类算法

聚类算法是机器学习中涉及对数据进行分组的一组算法。聚类是一种探索性的数据分析方法,聚类分析是从给定的数据集合中搜索数据对象之间所存在的有价值的联系。聚类算法可以分为基于划分的聚类算法、基于层次的聚类算法、基于密度的聚类算法、基于模型的聚类算法和基于网格的聚类算法等。基于划分的聚类算法给定一个包含 n 个对象或元组的数据库,基于划分的聚类算法构建数据的 k 个划分,每个划分表示一个聚类,$k \leqslant n$,满足每个聚类至少包含一个对象,每个对象必须属于且只属于一个聚类。基于划分的聚类算法穷举所有可能的划分以求达到全局最优。基于层次的聚类算法可以是聚类的或分裂的,主要取决于层次的划分是自底向上还是自顶向下。在聚类的方法中,首先将每一个点作为一个簇,每一步合并两个最接近的簇,直至所有的点成为一个簇为止。分裂的方法正好相反,从包含所有点的簇开始,每一步分裂一个簇,直至仅剩下单点的簇。基于密度的聚类算法的主要思想是只要邻近区域的密度超过某个阈值,就继续聚类。相比其他聚类方法,基于密度的聚类方法可以在有噪声的数据中发现各种形状和各种大小的簇，DBSCAN(density-based spatial clustering of applications with noise)是该类方法中最典型的算法之一，它将簇定义为密度相连的点的最大集合，能够把具有足够高密度的区域划分为簇，并可在有噪声的空间数据库中发现任意形状的聚类。基于模型的聚类算法的目标是将数据与某个模型达成最佳拟合。基于网格的聚类算法是指将数据空间划分成有限单元的网格结构，在基于该网格数据结构中进行聚类，其核心步骤主要有：①划分网格；②使用网格单元内数据的统计信息对数据进行压缩表示；③基于统计信息判断高密度网格单元；④将相连的高密度网格单元识别为簇。

5.2 大数据分析

5.2.1 大数据分析的数据类型

利用大数据分析工具可以很好地对大数据进行分析，利用工具分析出来的结果可为实现数据可视化提供良好的数据源。大数据分析的领域主要有文本、社交网络数据、结构化数据、移动数据、Web数据和多媒体数据等，如图5.22所示。

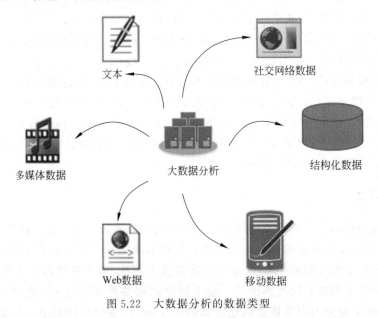

图 5.22 大数据分析的数据类型

5.2.2 大数据分析的方法

大数据分析的方法主要有可视化分析、预测性分析、数据挖掘算法、语义引擎、数据质量和数据管理等。

1. 可视化分析

可视化分析是大数据分析的主要方法,能够让数据更加直观可视。可视化分析可以将数据转化成有效的可视化形式,直观地呈现大数据特点,揭示出数据的内在联系。图5.3 展示了大数据关键词检索的可视化分析。大数据关键词检索的可视化分析如图5.23 所示。

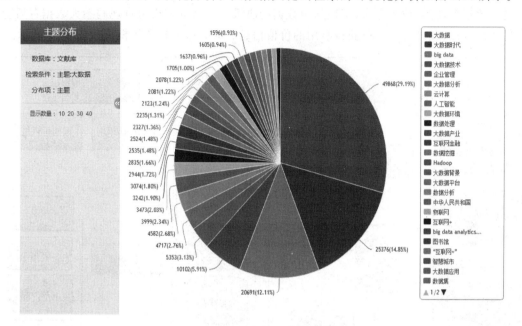

图 5.23　大数据关键词检索的可视化分析

2. 预测性分析

预测性分析是大数据分析中常用的一种方法,通过预测性分析可从数据中挖掘出有价值和有意义的信息,并预测未来的发展情况。

3. 数据挖掘算法

数据挖掘算法是大数据分析的理论核心,是根据数据创建数据挖掘模型的一组试探法和计算。

4. 语义引擎

语义引擎是语义技术最直接的应用,可以通过对网络中的资源对象进行语义上的标注,能够对用户的查询表达进行语义处理,自然语言具备语义上的逻辑关系,在网络环境下进行广泛有效的语义推理,能够更加准确和全面地实现用户的检索。

5. 数据质量和数据管理

数据是组织最具价值的资产之一,是组织日常业务顺利进行和实施的战略基石。数据是决策的基础,数据质量和数据管理是实施大数据分析的基础,高质量的数据和有效的数据管理是实现大数据分析结果可靠性、真实性及价值的重要保证。

5.2.3 大数据分析的总体框架

大数据分析是实现大数据价值的重要途径,通过分析可以总结大数据中出现的规律,从而更好地理解现实,预测未来,实现基于数据的决策。大数据分析可直观洞悉大数据背后隐藏的数据特征,经过处理后可获得有用的价值信息。大数据分析总体框架如图 5.24 所示。

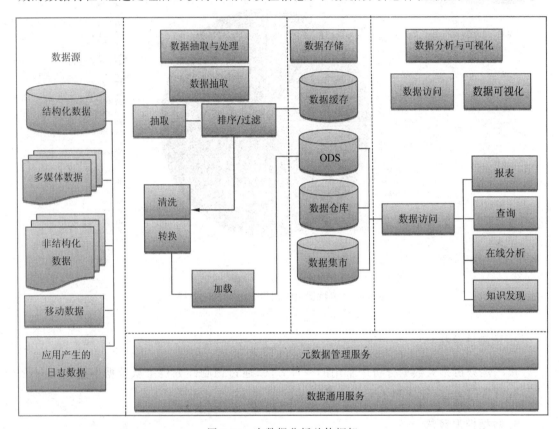

图 5.24　大数据分析总体框架

5.2.4 大数据分析的应用

大数据分析的应用是当前大数据方面研究的热点,是数据处理技术时代很多专家和学者重点关注的热门研究课题,已引起产业界和学术界极大的兴趣和关注。

大数据分析可以分为基本分析和高级分析。基本分析主要用于探索数据,如拥有海量的、分离的数据时,可以采用基本分析。基本分析主要有纵横剖析,基本监测,异常识别等。纵横剖析主要是将数据切分成几个小的数据集,以简化探索数据的工作。如有些地区的水文数据,它们采自于若干种不同的传感器,这些数据的属性可能包括温度和压强、透明度、pH 酸碱度以及盐度等,每隔一段时间采集一次,可能需要一些简单的数据片段,以便于探索数据的不同维度,如温度对 pH 酸碱度的影响,或者透明度对盐度的影响等。基本监测方面,如实时地监测海量数据,监测水量数据,这些数据会来自上百个不同地点和不同深度,并且每秒钟都会产生变化,会产生海量信息。异常识别方面,如要识别异常现象,某个事件的实际观察结果与预期不相符,数据上的异常等,就需要用到基本数据分析。高级分析可为结构化和非结构化的复杂数据提供算法,主要包括复杂的数据模型、机器学习、神经网络和文本分析等。高级分析主要的实例有预测模型,文本分析,其他统计学和数据挖掘算法等。预测模型是大数据高级分析应用实例中比较流行的一个,预测模型是一种统计或数据挖掘的解决方案,包含了可用于结构化或非结构化的技术和算法。文本分析主要是指分析非结构化文本,抽取相关信息,以及将其转化为结构化数据,使其能够在多种场景下得到充分利用的过程。其他统计学和数据挖掘算法主要包括高级预测,优化,集群化分析,片段分析及同类分析等。大数据分析应用还包括 NASA 利用预测模型来分析飞行器上的安全数据。

5.3　大数据处理

大数据处理主要是分布式数据处理技术,其中典型的代表就是 MapReduce。MapReduce 主要用于大规模的算法图形处理和文字处理,此外,也可以并行执行大规模数据处理任务。大数据处理系统主要包括大数据算法、计算模型、计算平台和计算引擎 4 个层次;算法部分主要是指与数据统计、数据分析和数据预测等相关的算法,一般可分为分类算法和聚类、关联分析等。

对于海量的数据处理,可以利用特征筛选、降维、数据离散化、子空间聚类等方法来解决数据的巨量性问题。大数据处理开源软件主要有文件系统(HDFS)、MapReduce 运行库(Hadoop MapReduce/YARN/Phoenix/Twister 等)、NoSQL 数据库系统(HBase/Cassandra/MongoDB/CouchDB 等)、大规模并行数据查询引擎 Cloudera Impala(Google Dremel 系统的开源实现)、静态数据分析工具(Pig/Hive/Mahout/Drill/Shark)、流数据分析工具(Apache S4/Storm)、内存加速集群计算系统 Spark 等。这些开源软件平台是大数据分析的技术基础,尤其是 Hadoop 已经成了事实上的大数据处理标准平台,如 IBM、微软和 Intel等公司的大数据解决方案中均使用了 Hadoop 作为基础。

大数据处理方面,美国计算机研究协会计算社区联盟在 *Challenges and Opportunities with Big Data* 白皮书中给出了典型的大数据信息处理过程,主要包括:数据获取与存储,信息提取与清洗,数据集成/聚集/表示/查询处理,数据建模与分析、解释等多个阶段。国内有学者提出使用粒计算处理大数据,如针对时空相关性对云平台上的图大数据进行压缩后,再以数据驱动的方式进行计算资源调度,在减小数据信息损失的前提下,获得了更高的时间效率和资源利用率。利用模糊信息粒化方法先对时间序列进行粒化,然后使用 SVMs 对粒化了的时间序列进行回归分析和预测,提高了大规模时间序列分析的速度。

5.3.1　大数据处理方法

大数据处理的常用方法主要有聚类分析、分类和预测以及关联分析等。聚类分析是一种探索性的分析,按照数据对象的相似度,把数据对象划分为聚集簇,簇内对象尽量相似,簇间对象尽量相异。聚类分析能够从样本数据出发自动进行分类。分类和预测是问题预测的两种主要类型,分类是预测分类标号,预测是建立连续值函数模型。关联分析通常使用关联规则频繁项集的 Apriori 算法分析事物之间存在的依赖或者关联,然后找出事物之间的规律性,并且通过规律性进行预测。

5.3.2 大数据处理模式

大数据处理模式主要有批处理模式、流处理模式及混合处理模式。批处理模式是先存储后处理,流处理模式则是直接处理。大数据处理模式如图 5.25 所示。

图 5.25 大数据处理模式

1. 批处理模式

批处理模式主要解决的是针对大规模数据的批量处理,其典型代表是 MapReduce 编程模型,该模型首先将用户的原始数据源进行分块,然后分别交给不同的 Map 任务去处理。MapReduce 的核心设计思想是将问题分而治之,把待处理的数据分成多个模块分别交给多个 Map 任务去并发处理,并自动调度计算节点来处理相应的数据,有效地避免数据传输过程中发生海量通信开销。MapReduce 极大地方便了分布式编程工作,它将复杂的和运行于大规模集群上的并行计算过程高度地抽象到了两个函数 Map 和 Reduce 中,编程人员在不会分布式并行编程的情况下,也能够比较容易将自己的程序在分布式系统上完成海量数据集的计算。

2. 流处理模式

流处理模式是指将数据视为流,将源源不断的数据组成数据流。数据流是指在时间分布和数量上无限的一系列动态数据集合体,数据的价值会随着时间的流逝而降低,需要采用实时计算的方式给出秒级响应。流处理模式的主要目标是尽可能快地对最新的数据作出分析并给出结果。需要采用流处理模式的大数据应用场景主要有网页单击数的实时统计、传感器网络及金融中的高频交易等,如百度的通用实时流数据计算系统和淘宝的银河流数据处理平台。

3. 混合处理模式

混合处理模式不同于批处理模式和流处理模式,其典型代表如 Spark 和 Flink。Spark 是专门为大规模数据处理而设计的计算引擎,Spark 可提供高速批处理和微批处理模式的流处理。Flink 提供了真正的流处理并具备批处理能力,Flink 以数据并行和流水线方式执行任意流数据程序,Flink 的流水线运行时系统可以执行批处理和流处理程序。

5.3.3　大数据处理基本过程

从大数据的特征和应用行业来看,大数据的数据来源比较广泛,由此产生的数据类型和应用处理方法也不同。总的来说,大数据的基本处理流程大都是一致的,大数据的处理流程主要包括数据采集,数据抽取与集成,数据分析和数据可视化等,大数据处理的流程如图 5.26 所示。

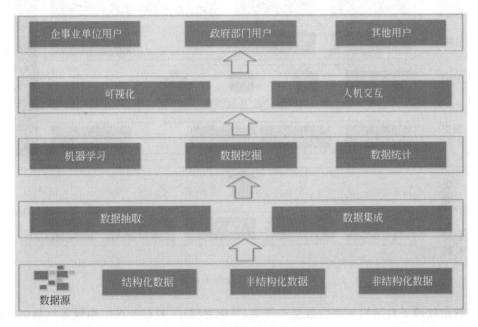

图 5.26　大数据处理的流程

大数据处理的目标是从海量异质数据中挖掘知识,包含了数据源收集,数据存储管理,数据分析以及数据展现与获取等几个序列的步骤。通过数据源获取的数据,因其数据结构不同(结构化、半结构化、非结构化数据),用特殊方法进行数据处理和集成,将其转变为统一标准的数据格式,方便后期进行处理。再用合适的数据分析方法对这些数据进行处理分析,并将分析的结果以可视化的形式展示给用户。

5.3.4　大数据处理架构

大数据处理平台是集数据分析,数据采集,数据存储与管理,数据计算与数据可视化以及数据安全与隐私保护等功能于一体,为人们通过大数据分析处理的手段和解决问题提供技术和平台支撑。大数据分析计算与处理是大数据处理平台的核心,主要是通过分布式计算框架来实现,针对数据分析计算的分布式计算框架不仅提供高效的计算模型和简单的编程接口,而且要有很好的扩展性、容错能力和高效且可靠的输入/输出,以满足大数据处理的需求。可扩展性是指系统能够通过增加资源来满足不断增加的对性能和功能需求的能力。计算框架的可扩展性决定了其可计算规模和计算并发度等重要指标。容错和自动恢复是指

97

系统考虑底层硬件和软件的不可靠性,支持出现错误后自动恢复的能力。高效可靠的输入/输出能够缓解数据访问的瓶颈问题,以提高任务的执行效率和计算资源的利用率。大数据处理平台架构如图 5.27 所示。

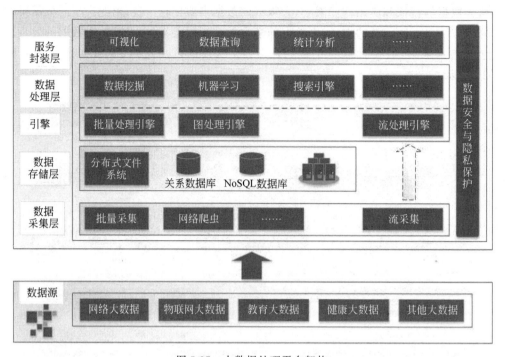

图 5.27　大数据处理平台架构

大数据处理平台架构主要由数据采集层、数据存储层、数据处理层和服务封装层以及数据安全与隐私保护等多个部分组成。数据源主要来源于网络、物联网、教育等,数据中有结构化数据、半结构化数据和非结构化数据。数据采集层主要是对来源于不同类型的数据进行采集,如网络大数据、物联网大数据、教育大数据、健康大数据以及其他的数据等。针对不同的数据源采用的采集方法也不相同,如对于网络大数据则采用网络爬虫进行爬取,对于物联网大数据则采用流采集的方式来进行采集。数据存储层与数据采集层不同,该层主要进行是大数据的存储及管理。通过利用分布式文件系统(HDFS)或云存储系统(Swift、Amazon S3)可对大数据平台中的原始数据进行存放。利用非关系型数据库(NoSQL)可对大数据平台中的数据进行组织与管理,以方便对大数据进行访问和处理。非关系型数据库一般较多,常见的有列族数据库(HBase)、文档数据库(MongDB)、图数据库(Neo4J)等,不同类型的非关系型数据库可解决不同的数据形式和处理的需求。

数据处理层与数据采集层和数据存储层有很大的不同,该层主要负责大数据的处理以及分析工作。对于不同类别的数据采用的处理方式也不同,如静态的批量数据可以采用批量处理引擎,动态的流式数据需要采用更好的流处理引擎,图数据可以采用图处理引擎,一些较为复杂的数据可采用如数据挖掘工具、机器学习工具以及搜索引擎等复杂数据处理和分析工具。服务封装层主要是负责不同的用户需求将各类大数据处理与分析功能进行封装并对外提供服务,如大数据查询、大数据统计分析以及大数据的可视化等多种大数据相关的服务。大数据安全与隐私保护则贯穿于大数据平台的各个层,在大数据处理平台中起着很重要的作用。

5.3.5　大数据处理系统

大数据处理系统主要有批处理系统、数据查询分析计算系统、流式计算系统、迭代计算系统、图计算系统以及内存计算系统。大数据处理系统如图 5.28 所示。

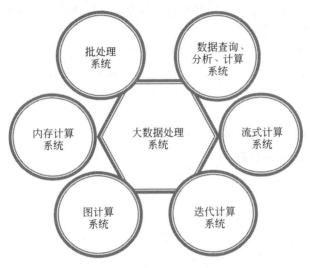

图 5.28　大数据处理系统

批处理系统是大数据的主要处理系统,可将并行计算的实现进行封装,大幅降低了开发人员的并行程序设计难度。Hadoop 和 Spark 是批处理系统的典型代表。数据查询、分析、计算系统主要是针对海量数据需要具备数据实时查询能力,其典型代表如 HBase、Hive 以及 Shark 等。流式计算系统是当前比较流行的大数据处理系统,其典型代表如 Yahoo 的 S4和 BackType 开发的 Storm 等。迭代计算系统是一个用来处理大规模的矩阵和图计算的系统,如 Apache Hama 和 Apache Giraph,此外,还有比较典型的代表如 Twister 及 Hadoop等。图计算系统主要是针对海量的图数据处理的一种系统,图计算系统典型代表如谷歌公司的 Pregel 和微软公司的 Trinity 等。内存计算系统主要有分布式内存计算系统等,如 Spark。大数据时代背景下,针对不同类型、不同来源的数据需要采用不同的处理方式和系统,针对静态数据可以采用批处理方式,针对动态数据可以采用实时计算。

练　习　题

一、填空题

(1) 大数据分析是_____和_____,通过分析挖掘出有用信息,为科学决策提供依据。

（2）大数据处理的目标是_____，包含了_____、_____、_____等几个序列的步骤。大数据处理系统主要包括_____、_____、_____和_____ 4个层次。

二、选择题

（1）数据分析的类型有（　　）。

    A. 离线数据分析   B. 在线数据分析

    C. 定性数据分析   D. 探索性数据分析

（2）大数据处理平台是集（　　）等功能于一体，为人们通过大数据分析处理的手段和解决问题提供技术和平台支撑。

    A. 数据分析   B. 数据采集

    C. 数据存储与管理   D. 数据安全与隐私保护

三、简答题

（1）大数据分析常用的工具有哪些？

（2）简述大数据处理的过程。

（3）简述大数据处理系统。

第6章 大数据可视化

本章要点：

- 数据可视化
- 大数据可视化的方法
- 大数据可视化的工具
- 大数据可视化的应用

大数据可视化是当前大数据应用研究领域及信息安全领域研究的热点，大数据可视化数据信息可快速和直观地洞悉大数据的价值。针对海量的半结构化、结构化和非结构化的数据，数据可视化的实现流程较为复杂，需要先对海量数据进行采集、分析、管理和挖掘等处理，然后再进行表现形式的设计，表现形式一般有立体的、动态的、实时的、交互的等。

大数据可视化与数据可视化有着本质的区别，大数据可视化的数据类型主要是针对结构化数据、半结构化数据和非结构化数据，而数据可视化的数据类型主要针对的是结构化的数据；大数据可视化的表现形式为多种形式，而数据可视化的表现形式主要为统计图表；大数据可视化的结果主要为发现数据中蕴含的规律特征，而数据可视化的结果为注重数据及其结构关系。大数据可视化的过程主要有数据的可视化、指标的可视化、数据关系的可视化、背景数据的可视化、转换成便于接受的形式、聚焦、集中或汇总展示、扫尾的处理和完美的风格化等多个方面。

对数据进行可视化，是将不可见的现象转换为可见的图形图像符号，可洞悉数据中隐藏的规律、趋势和价值。数据是数据可视化的处理对象，根据对象不同，可分为信息可视化和科学可视化两大类。信息可视化重点处理的对象是非结构化的数据、高维的数据和抽象的数据，信息可视化可分为时空数据可视化、层次与网络结构数据可视化和多变量数据可视化；科学可视化的应用领域较为广泛，主要在自然科学、航空航天、物理、化学以及医学等方面。科学可视化重点面向科学方面的数据，根据数据类别可分为标量场可视化、向量场可视化和张量场可视化三大类。

随着大数据的兴起与发展，互联网、社交网络、地理信息系统、企业商业智能、社会公共服务等主流应用领域逐渐催生了几类特征鲜明的信息类型，主要包括文本、网络、图、时空、多维数据等，这些与大数据密切相关的信息类型与 Shneiderman 的分类交叉融合，将成为大数据可视化的主要研究领域。数据可视化目前主要应用在医学、金融、能源、交通、公安、文化传媒、航空、气象预报以及工程等领域。

6.1 数据可视化

数据通常来说是枯燥乏味的,相对来说,图形、图像及颜色等更富有生动性和极好的表现力。数据可视化是关于数据视觉表现形式的科学技术研究,利用可视化可将枯燥乏味的数据变为丰富生动的视觉效果,对分析处理后的数据以更加直观的图形化形式展现给用户。在计算机视觉领域,数据可视化是对数据的一种形象直观的解释,实现从不同维度观察数据,从而得到更有价值的信息。

6.1.1 数据可视化的概念

数据可视化起源于图形学、人工智能、科学可视化以及用户界面等领域的相互促进和发展,是当前计算机科学的一个重要研究方向,它利用计算机对抽象信息进行直观的表示,以利于快速检索信息和增强知识能力。数据可视化是关于数据视觉表现形式的科学技术研究,它让大数据更有意义,更贴近大多数人,因此,大数据可视化是艺术与技术的结合。数据可视化是一个相对的概念,它通过将数据转换为标识从而为人们提供帮助与指导,并最终成为通过数据分析传递信息的一种重要工具。数据可视化与传统的立体建模之类的特殊技术方法相比,其所涵盖的技术方法要更加广泛。数据可视化是利用计算机图形学及图像处理技术,将数据转换为图形或图像形式显示到屏幕上,并进行交互处理的理论、方法和技术。维基百科将数据可视化定义为:它是技术上较为高级的技术方法,而这些技术方法允许利用图形、图像处理、计算机视觉以及用户界面,通过表达、建模以及对立体、表面、属性和动画的显示,对数据加以可视化解释。

数据可视化主要是指将数据中隐含的价值通过图形图像形式进行表示,实现简洁高效地传达信息的过程。数据可视化一般在时空数据、地理空间数据、高维非空间数据、层次和网络数据、跨媒体数据等数据方面进行可视化的应用较多。时空数据可视化方面,如气象遥感观测数据、流体力学模拟仿真得到的矢量场和张量场数据以及三维医学图像数据等;地理空间数据可视化方面,如百度地图、GPS导航、出租车轨迹查询、手机信息跟踪等;高维非空间数据可视化方面,如手机通信日志数据、全国人口调查数据等;层次和网络数据可视化方面,如超大规模集成电路设计、软件过程可视化等方面;跨媒体数据可视化方面,如跨媒体数据中的文本数据、社交网络数据以及日志数据等。数据可视化是综合运用计算机图形学、图像、人机交互等技术,将采集或模拟的数据映射为可识别的图形图像、视频或动画,并允许用户对数据进行交互分析的理论、方法和技术。数据可视化是用户理解复杂分析结果的手段,同时,也是数据分析过程中比较重要且容易被忽视的步骤。数据可视化的目的是对数据进行可视化处理,以便更加直接地为用户提供数据背后隐藏的价值信息。

数据可视化的标准主要有实用性、完整性、真实性、艺术性和交互性。实用性方面,衡量的主要参照是要满足使用者的需求,需要清楚地知道这些数据是不是人们想要了解并与他们切身相关的信息。完整性方面,衡量的主要指标是该可视化的数据应当能够帮助使用者全面而完整地理解数据的信息。真实性方面,考量的是信息的准确度和是否有据可依。艺术性方面,主要是指数据的可视化呈现应当具有艺术性,符合审美规则。交互性方面,主要是指实现用户与数据的交互,方便用户控制数据。

图表是表达数据最直观和最强大的方式之一,通过图表展示能够让枯燥的数字吸引人们的注意力。在统计图表中,每一种类型的图表都可包含不同的数据可视化图形,如饼状图、折线图、散点图、气泡图、条状图等。图 6.1 是饼状图示例,图 6.2 是折线图示例,图 6.3 是气泡图示例,图 6.4 是条形图示例。

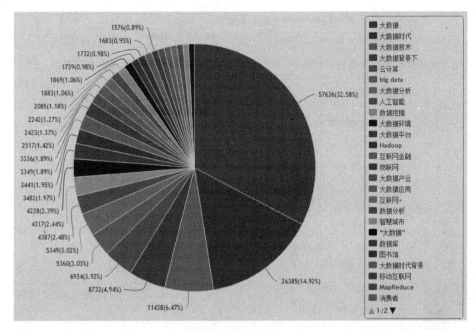

图 6.1 饼图示例

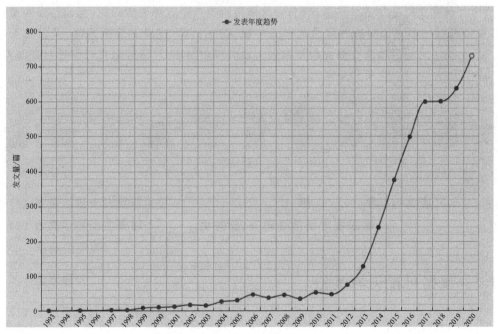

图 6.2 折线图示例

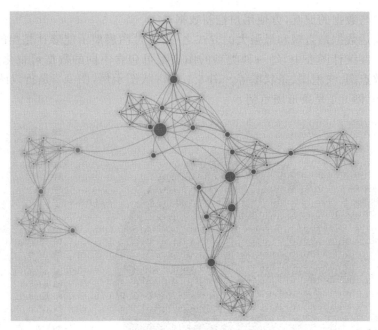

图 6.3　气泡图示例

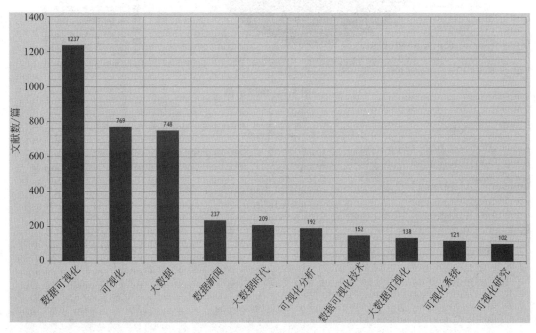

图 6.4　条形图示例

6.1.2　数据可视化的类型

　　数据可视化是指将大型数据集中的数据以图形图像的形式表示,并利用数据分析和开发工具发现其中未知信息的处理过程。数据可视化的类型主要有科学可视化、信息可视化和可视化分析等多种类型,如图 6.5 所示。

1. 科学可视化

科学可视化是数据可视化类型中一个主要
类型,是科学之中的一个跨学科研究与应用,其
应用领域主要有物理学、生物学、化学、气象学、
医学以及航空航天等,科学可视化主要关注的
是三维现象的可视化,重点在于对体、面以及光
源等的逼真渲染。美国计算机科学家布鲁斯•
麦考梅克将科学可视化阐述为利用计算机图形
学来创建视觉图像,帮助人们理解科学技术概
念或结果的那些错综复杂而又往往规模庞大的

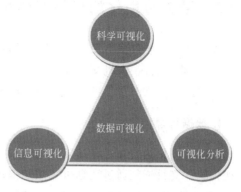

图 6.5　数据可视化类型

数字表现形式。1982 年 2 月,美国国家科学基金会在华盛顿召开了科学可视化的首次会
议,提出了科学家不仅需要分析由计算机得出的计算数据,而且需要了解在计算过程中的数
据变换,而这些都需要借助于计算机图形学以及图像处理技术。

按照数据的类别,科学可视化可以大致分为标量场可视化、向量场可视化以及张量场可
视化。标量场可视化方面,标量是指单个数值,标量场每个数据点记录一个标量值。标量场
可以看成显示数据分布的隐函数表示,即代表了在点处的标量值。向量场可视化方面,向量
场每个采样点记录一个向量,向量代表某个方向和趋势,如实际测得的风向和漩涡等,向量
场可视化主要关注点是其中蕴含的流体模式和关键特征区域。张量场可视化方面,张量场
可视化可以分为基于纹理、几何、拓扑三类,基于纹理的方法将张量场转换为一张或动态演
化的图像,图释张量场的全局属性,其思路是将张量场简化为向量场,进而采用线积分法、噪
音纹理法等方法显示;基于几何的方法显示生成刻画某类张量场属性的几何表达;基于拓扑
的方法可有效生成多变量场的定性结构,比较适合于数值模拟。

2. 信息可视化

信息可视化是指将数据信息和知识转换为一种视觉形式,在信息可视化中充分利用了
人们对可视模式快速识别的自然能力。信息可视化是一个跨学科领域,旨在研究大规模非
数值型信息资源的视觉呈现,通过利用图形图像方面的技术与方法帮助人们理解和分析数
据。信息可视化的处理对象是抽象的和非结构化的数据集合(如文本、图表及地图等)。传
统的信息可视化起源于统计图形学,与信息图形及视觉设计等现代技术相关,其表现形式通
常在二维空间,因此,其关键问题是在有限的展示空间以直观的方式传达抽象信息。与科学
可视化相比,信息可视化更加关注抽象和高维的数据。在工作中使用的如流程图和趋势图
等都属于信息可视化,这些图形的设计都将抽象的概念转化为可视化信息。

3. 可视化分析

可视化分析是科学可视化与信息可视化领域发展的产物,侧重于借助交互式的用户界
面进行数据的分析与推理。可视化分析综合图形学、数据挖掘和人机交互等技术,是一个多
学科领域。

6.1.3　数据可视化的目标与作用

数据可视化使数据更加易懂,从而提高了数据资产的利用效率,以更好地支持用户对数据的认知、数据表达、人机交互和决策支持等方面的应用,在教育和医学等领域发挥着重要作用。数据可视化的目标可以从宏观角度和应用角度两个方面来理解。

1. 数据可视化的目标

数据可视化的目标可以从宏观角度和应用角度来理解。从应用角度方面来理解,数据可视化的主要目标是通过数据可视化来揭示事物内部的客观规律,以及数据之间的内在联系,辅助人们理解事物的概念和过程,通过数据可视化来有效呈现数据中的重要特征。从宏观角度方面来理解,数据可视化的主要目标是信息的分析、信息的记录以及信息的传播。

2. 数据可视化的作用

数据可视化是数据加工和处理的基本方法之一,可以通过计算机图形图像技术来更为直观地展示数据,展示数据的基本特征和隐藏于数据背后的有价值信息,辅助用户来认识和理解数据。数据可视化的作用主要有数据分析、数据操作及数据表达。

(1)数据分析。数据分析一般具有比较明确的目标,可以根据数据分析得出的结果做出适当的判断,用来为以后的决策提供依据。数据分析是通过数据计算获得多维、多源、异构和海量数据所隐含信息的核心手段,这是数据存储、数据转换、数据计算和数据可视化的综合应用。可视化作为数据分析的最终环节,直接影响着用户对数据的认知和应用,友好且易懂的可视化结果可以帮助用户进行信息推理和分析,方便用户对相关数据进行协同分析,也有助于信息和知识的传播。

(2)数据操作。数据操作是以计算机提供的界面、接口、协议等条件为基础完成人与数据的交互需求,数据操作是以计算机提供的界面、接口及协议等条件为基础完成人与数据的交互需求,数据操作需要友好且便捷的人机交互技术、标准化的接口及通信协议来完成对多数据集的操作。以可视化为基础的人机交互技术快速发展,包括自然交互、可触摸、自适应界面和情景感知等在内的新技术,极大地丰富了数据操作方式。

(3)数据表达。数据表达是通过计算机图形技术来更加友好地展示数据信息,以方便用户理解和分析数据。常见的形式主要有图像、文本、图表、网络图、树结构、符号及二维图形等。

6.1.4　数据可视化的主要技术

数据可视化技术的基本思想是将数据库中每一个数据项作为单个图元素表示,大量的数据集构成数据图像,同时将数据的各个属性值以多维数据的形式表示,可以从不同的维度观察数据,从而对数据进行更深入的观察和分析。

数据可视化技术主要有基于几何的技术、面向像素技术、基于图标技术和基于层次技术。基于几何的技术的关键技术主要有 Scatter plots、Landscapes、Projection Pursuit 和

Parallel Coordinates,采用的方法为散点矩阵、平行坐标和多维切片;面向像素技术的关键技术主要有查询独立和查询依赖,采用的方法为独立于查询和基于查询;基于图标技术的关键为 Shape Coding、Stick Figures 及 Chernoff-face,采用的方法为彩色图标;基于层次技术的关键主要有 Dimensional Stacking、Treemap 及 Cone Trees,采用的方法为多维堆积图和树图。数据可视化的主要技术比较如表 6.1 所示。

表 6.1　数据可视化的主要技术比较

数据可视化 技术分类	关 键 技 术	采用的方法
基于几何的技术	Scatter plots、Landscapes、Projection Pursuit、Parallel Coordinates	散点矩阵、平行坐标、多维切片
面向像素技术	查询独立、查询依赖	独立于查询、基于查询
基于图标的技术	Shape Coding、Stick Figures、Chernoff-face	彩色图标
基于层次的技术	Dimensional Stacking、Treemap、Cone Trees	多维堆积图、树图

通过比较多种可视化技术可得知,每一种可视化技术都有其不同的关键技术和采用的方法,可使用户以多角度、多层面将可视化技术应用于数据可视化。

6.1.5　数据可视化的流程

数据可视化的实施是一系列数据的转换过程,数据可视化的流程主要以数据为基础,其核心包括数据采集、数据处理和变换、可视化映射和用户感知等多个步骤,如图 6.6 所示。

图 6.6　数据可视化的流程

1. 数据采集

数据采集是数据可视化流程中的关键一步,是进行数据处理和数据变换的基础。数据可以通过仪器采样及调查记录等方式进行采集,采集的数据涉及数据格式、维度、分辨率和精确度等重要特性,这些会对数据可视化的效果起着关键作用。

2. 数据处理和变换

数据处理的目的是提高数据质量。数据可视化之前需要将原始数据转换成用户可以理解的模式和特征并显示出来,因此,数据处理和变换是比较关键的,其流程包括去噪,数据清洗和提取特征等。通过数据处理和转换,能够有效保证数据的完整性、有效性、准确性、一致性和可用性。

3. 可视化映射

可视化映射是数据可视化流程中的核心环节,其目的是让用户通过可视化结果去理解数据信息以及数据背后隐藏的数据价值。可视化映射主要用于将不同的数据之间的联系映射为可视化视觉通道中的不同元素,如标记的位置、大小、长度、形状、方向、亮度以及饱和度等。可视化映射是与数据、感知、人机交互等方面相互依托并共同实现的。

4. 用户感知

用户感知是指从数据的可视化结果中提取有用的信息、知识和灵感。可视化映射后的结果只有通过用户感知才能转换成知识和灵感。用户从数据的可视化结果中进行信息融合、提炼,总结知识和获得灵感,并从中发现数据背后隐藏的现象和规律。

6.2 大数据可视化的方法

大数据可视化通过丰富的视觉效果,将数据以直观、生动和易理解的方式呈现给用户,可以有效提升数据分析的效率。大数据可视化技术涵盖了传统的科学可视化和信息可视化两个方面,它以从海量数据分析和信息挖掘为出发点,信息可视化技术将在大数据可视化中扮演者重要角色。根据信息的特征,可以把信息可视化技术分为一维、二维、三维、多维信息可视化,以及层次信息可视化、网络信息可视化和时序信息可视化。大数据可视化方法主要包括文本可视化、网络可视化以及空间信息可视化,如图 6.7 所示。

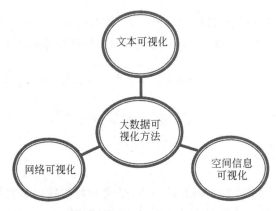

图 6.7　大数据可视化方法

1. 文本可视化

文本信息是大数据时代非结构化数据类型的典型代表,是互联网中最主要的信息类型。与图形、语音和视频信息相比,文本信息体积更小、传输更快,并且更容易生成。将互联网中广泛存在的文本信息用可视化的方式表示,能够更加生动地表达蕴含在文本中的语义特征,如词频、动态演化规律等。因此,针对一篇文章,文本可视化能够更快速地告诉读者文章在讲什么;针对社交网络上的发言,文本可视化可以帮助读者将所有信息归类;针对一系列的文档,读者可以通过文本可视化找到它们之间的联系;针对一个新闻,文本可视化可以帮助读者捋顺事情发展的脉络等。图 6.8 展示了文本可视化的实例。

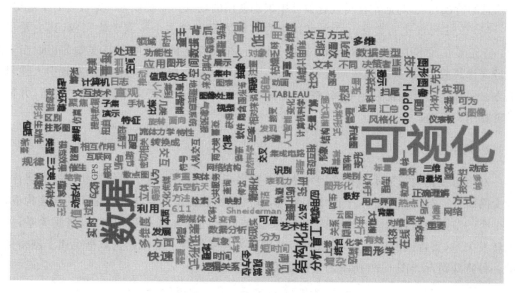

图 6.8　文本可视化实例

（1）文本可视化的类型。文本可视化的类型，除了包含常规的图表类，如饼图、柱状图以及折线图等表现形式外，在文本领域使用较多的还有基于文本内容的可视化，基于文本关系的可视化，基于多层面信息的可视化等。基于文本内容的可视化研究包括基于词频的可视化和基于词汇分布的可视化，常用的可视化形式有词云、分布图和 Document Cards 等；基于文本关系的可视化主要研究文本内外的关系，帮助人们理解文本内容和发现规律，常用的可视化形式有树状图、节点连接的网络图以及叠式图等；基于多层面信息的可视化主要研究如何结合信息的多个方面帮助用户从更深层次理解文本数据，发现其内在规律，如地理热力图以及基于矩阵视图的情感分析可视化等。

（2）文本可视化的流程。文本可视化流程主要包括信息收集、文本信息挖掘、视图绘制和交互设计等多个部分。文本可视化流程如图 6.9 所示。

图 6.9　文本可视化流程

信息收集是从不同渠道整理相关信息，为文本可视化做准备。文本信息挖掘等技术充分发挥计算机的自动处理能力，将无结构的文本信息自动转换为有结构信息，而视图绘制使人类视觉认知、关联和推理的能力得到充分的发挥。文本信息挖掘依赖于自然语言处理，主要通过分词、抽取和归一化等操作提取出文本词汇及相关内容。视图绘制方面，可视化呈现是将文本分析后的数据用视觉编码的形式来处理，其中涉及的内容有尺寸、颜色、形状、方位和纹理等，并使用各种图表来描述。交互设计方面，为了使用户能够通过可视化有效地发挥文本信息的特征和规律,通常在可视化设计中根据使用的场景为系统设置一定程度的交互功能。

(3) 文本可视化的实现。文本可视化的实现需要经过多个步骤才能完成,其主要步骤为:首先要在文本中进行分词计算,提取关键词,并去掉冗余的文字。其次要为提取出来的关键词计算权重,即决定哪些词着重显示。一般来说,权重较高的词会显示在较引人注目的地方。最后是为可视化显示布局,在布局中要计算出每个词或英文单词的摆放位置,并最终呈现在用户面前。

2. 网络可视化

网络可视化通常展示数据在网络中的关联关系,一般主要用于描绘互相连接的实体,如社交网络等。社交网络是一个网络型结构,其典型特征是由节点与节点之间的连接构成,这一个个的节点通常代表一个个的人或者组织,节点之间的连接关系有朋友、亲属关系,关注或转发关系,支持或反对关系,或者拥有共同的兴趣爱好等。层次结构数据也属于网络信息的一种特殊情况。图 6.10 所示的是网络可视化实例。

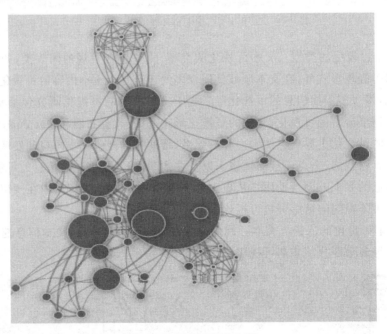

图 6.10　网络可视化实例

3. 空间信息可视化

空间信息可视化源于可视化研究的基本原理,空间信息可视化是指运用计算机图形图像处理技术将复杂的科学现象和自然景观及一些抽象的概念图形化的过程。具体地说,是利用地图学、计算机图形图像技术,将地学信息输入、查询、分析、处理,采用图形、图像,结合图表、文字、报表,以可视化形式实现交互处理和显示的理论、技术和方法。

空间信息可视化的目的是以可视化方式显示输出空间信息,通过视觉传输和空间认知活动,去探索空间事物的分布及其相互关系,以获取有用的知识,并进而发现规律。空间信息可视化的主要表现形式有动态地图、多媒体信息、三维仿真地图和虚拟现实等。动态地图是一种处于运动状态的数字地图,借助于计算机综合处理多种媒体信息的功能,将图形、图像、动画、声音和视频技术相结合,使多种信息逻辑地连接并集成为一个有机的具有人性化操作界面的空间信息传输系统。多媒体信息主要是使用图形、图像、视频、动画等各种形式综合、形象地表现空间信息,是空间信息可视化的重要形式。三维仿真地图主要是利用地图动画技术直观而又逼真地显示地理实体运动变化的规律和特点。虚拟现实主要是以视觉为主,并结合触觉、听觉等来感知环境,使人们犹如进入真实的地理空间环境之中并与之发生交互作用。

6.3　大数据可视化的工具

大数据时代,利用传统的可视化技术已很难满足对海量、高维、多源和动态数据的分析,需要利用大数据可视化工具来实现对海量数据的可视化。大数据可视化工具主要有Tableau、Infogram、ChartBlocks、Datawrapper、Plotly、RAW、Visual. ly Ember、Charts、NVD3、Google Charts、FusionCharts、Highcharts、Chart.js、Leaflet、Chartist.js、n3-charts、Sigma JS、Polymaps、Processing.js 以及大数据魔镜等。利用 Tableau 可对海量数据信息进行快速分析及可视化呈现,例如,中国东方航空公司利用 Tableau 分析市场,研究、优化"出发地到目的地"航线并实现了增收。使用 Tableau 一年之后,该航空公司的营业收入就增加了两亿美元,增幅达到了 2%。

大数据可视化常用的工具主要有 Tableau、Datawatch 和大数据魔镜。Tableau 的数据源有 Oracle、MySQL、SAP、SAS、文本、文件、Microsoft Access、Netezza、PaRAccel 和 DB2等,数据处理过程为:数据采集→处理→计算→挖掘→可视化呈现;其作用是用来实现交互的、可视化的分析和仪表盘分析,应用领域为商务服务、能源、电信、金融服务、医疗保健、制造业、媒体娱乐和教育等行业,开发机构为 Tableau 公司。Datawatch 的数据源主要有Active MQ、One tick CEP、Oracle CEP、SAP、Sybase、StreamBase、KXKDB＋、IQ、ApacheQPID、NetWeaver Gateway,数据处理过程为:数据采集→处理→计算→挖掘→可视化呈现;其作用是能快速分析多维度数据,将多种数据源(包括顶级的 Database、KDB＋、OData)可视化,并立体地分组显示数据,更流畅地显示快速变化的数据,快速挖掘潜在的、实时性的数据信息,应用领域主要在金融、零售业、医疗等行业,开发机构为 Datawatch 公司。大数据魔镜的数据源有 SQL Server、Oracle、Access、NoSQL、MongoDB、DB2、Spark、GoogleAnalytics,以及微信、微博、淘宝、京东等第三方社会化数据源,数据处理过程为:数据采集→处理→计算→挖掘→可视化呈现;其作用是全景分析,跨表分析,多源图表、内存分析。魔镜通过数据获取、数据清洗、数据整合的技术,针对企业的不同需求,为企业建立数据仓库、包括传统数据仓库、Hadoop 数据仓库、新一代动态数据仓库,应用领域包括电商、制造业、政府、金融、医疗、银行、保险、电信、高校、大中型企业等,开发机构为苏州国云数据科技有限公司。

1. Tableau

Tableau 是一款数据可视化的商业智能工具,可以用仪表盘、工作表的形式实现交互式和可视化,允许非技术用户轻松创建自定义的仪表盘,为用户提供更好的数据观察角度。Tableau 的操作十分简单,使用者不需要精通复杂的编程和统计原理,只需要把数据直接拖放到工作簿中,通过一些简单的设置就可以得到自己想要的数据可视化图形。Tableau 侧重于数据分析可视化层级,可以实时动态并用人机交互的方式分析数据,探索规律和查找问题。

Tableau 可以将各种图表整合成仪表盘后在线发布,但必须公开数据,把数据上传到 Tableau 服务器。用户可以基于软件 UI 交互创建和发布交互式及可共享的仪表板,以图形和图表的形式描绘数据的趋势、变化和密度。它支持连接本地或云端数据、关系数据源和大数据源来获取及处理数据。利用 Tableau 可以绘制各种精美的图表,图 6.11 显示了利用 Tableau 绘制的“每小时天气趋势”图,图 6.12 显示了利用 Tableau 绘制的条形图,图 6.13 显示了利用 Tableau 绘制的折线图,图 6.14 显示了利用 Tableau 绘制的“台风时速每日变化趋势”图,图 6.15 显示了利用 Tableau 绘制的分布类图。

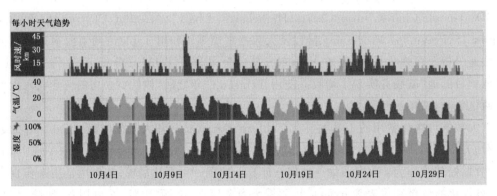

图 6.11　利用 Tableau 绘制的“每小时天气趋势”图

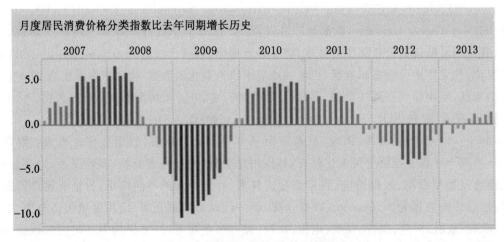

图 6.12　利用 Tableau 绘制的条形图

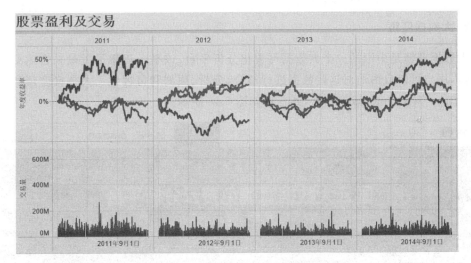

图 6.13　利用 Tableau 绘制的折线图

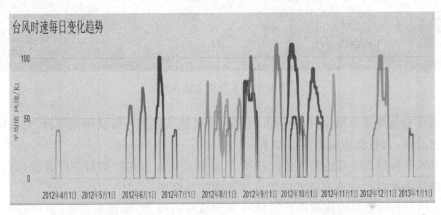

图 6.14　利用 Tableau 绘制的"台风时速每日变化趋势"图

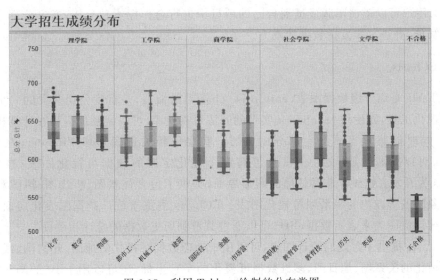

图 6.15　利用 Tableau 绘制的分布类图

2. 大数据魔镜

大数据魔镜是中国的一个大数据可视化分析平台,该平台积累了大量来自内部和外部的数据,用户可以自由地对这些数据进行整合、分析、预测和可视化。大数据魔镜的官方网址为 http://www.moojnn.com/,其首页如图 6.16 所示。

图 6.16　大数据魔镜首页图

进入大数据魔镜官网即可浏览相关信息,也可进入官网注册试用该平台,对海量数据进行可视化分析,大数据魔镜的优点如下。

(1) 该平台拥有丰富的数据公式和算法,让用户可以真正探索和分析数据,如通过一个直观的拖拽界面就可创造交互式的图表和数据挖掘模型。

(2) 用户通过简单的拖拽操作就能一步生成分析模型,如精准营销,客户分析,用户画像等,有力支持管理者进行商业决策,提高核心竞争力。

(3) 用户可以邀请团队成员到自己的项目中进行合作探索和分析,通过分享让整个公司变得智能,并进一步发挥数据的威力。

3. ECharts

ECharts 是商业级数据图表(enterprise charts)的缩写,是百度公司开发的一个开源的数据可视化工具,并使用 JavaScript 实现的开源可视化库,可以流畅地运行在计算机和移动设备上,同时能兼容当前绝大部分浏览器。底层依赖矢量图形库 ZRender,在功能上,ECharts 可以提供直观、交互丰富且可高度个性化定制的数据可视化图表;在使用上,ECharts 为开发者提供了非常炫酷的图形界面,提供了包含柱状图、折线图、饼图和气泡图以及四象限图等在内的一系列可视化图表。ECharts 侧重于统计数据图表化层面,即使用传统的统计性图表来表示数据,用户可以通过其看到历史数据的统计和解读。

ECharts 提供了常规的统计图表,可以用于地理数据可视化的地图、热力图、线图、关系数据可视化的关系图、旭日图,多维数据可视化的平行坐标,还可以用于 BI 的漏斗图、仪表盘,且能够支持图与图之间的混搭。除了已经内置的包含了丰富功能的图表外,ECharts 还

可以自定义图形,用户只需要传入一个 renderItem 函数,就可以直接从数据映射到任何想
要的图形。ECharts 提供了图例、视觉映射、数据区域缩放、数据刷等交互组件,可以进行多
维度数据筛取、视图缩放、细节展示等交互操作。ECharts 由数据驱动,数据的改变驱动图
表展现改变,因此,动态数据的实现变得比较容易,只需要获取并填入数据,ECharts 就会找
到两组数据之间的差异,然后通过合适的动画去表现数据的变化。

　　ECharts 的官方网站为 https://echarts.apache.org/zh/index.html,进入官方网站单击
下载按钮即可下载不同版本,如图 6.17 所示。

图 6.17　ECharts 下载页面图

　　下载到本地的 ECharts 文件是个名为 echarts.min 的脚本文件,在编写网页文档时将该
文件放入 HTML 页面中,即可制作各种 ECharts 开源图表。利用 ECharts 制作图表的步骤
如下。

（1）新建 HTML 页面。

（2）在 HTML 页面头部中导入 JavaScript 文件。

（3）在 HTML 页面正文中用 JavaScript 代码实现图表显示。

【例 6.1】　制作 ECharts 图表。

通过标签方式直接引入构建好的 ECharts 文件。

```
<!DOCTYPE html>
<html>
    <head>
        <meta charset= "utf-8">
        <!--引入 ECharts 文件 -->
        <script src= "echarts.min.js"></script>
    </head>
</html>
```

在绘图前我们需要为 ECharts 准备一个具备高、宽的 DOM 容器。

```
<body>
    <!--为 ECharts 准备一个具备大小(宽、高) 的 DOM -->
    <div id= "main" style= "width: 600px;height:400px;"></div>
</body>
```

然后就可以通过 echarts.init 方法初始化一个 echarts 实例,并通过 setOption 方法生成一个简单的柱状图,下面是完整代码。

```html
<!DOCTYPE html>
<html>
    <head>
        <meta charset= "utf-8">
        <title>ECharts</title>
        <!--引入 echarts.js -->
        <script src= "echarts.min.js"></script>
    </head>
    <body>
        <div id= "main" style= "width: 600px;height:400px;"></div>
        <script type= "text/javascript">
            //基于准备好的 dom 初始化 echarts 实例
            var myChart =  echarts.init(document.getElementById('main'));
            //指定图表的配置项和数据
            var option =  {
                title: {
                    text: 'ECharts 入门示例'
                },
                tooltip: {},
                legend: {
                    data:['销量']
                },
                xAxis: {
                    data: ["笔记本","手绘板","打印机","网卡","键盘","鼠标"]
                },
                yAxis: {},
                series: [{
                    name: '销量',
                    type: 'bar',
                    data: [5, 20, 36, 10, 10, 20]
                }]
            };
            //使用刚指定的配置项和数据显示图表
            myChart.setOption(option);
        </script>
    </body>
```

```
</html>
```

测试后,显示 ECharts 柱状图效果,如图 6.18 所示。

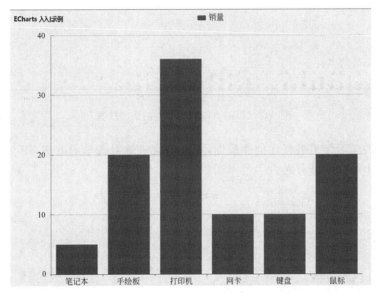

图 6.18　ECharts 柱状图

6.4　大数据可视化的应用

大数据可视化是正确理解数据信息的最好方法,大数据可视化让数据变得更加可信。当前,大数据可视化应用主要体现在教育、医学、互联网等领域。

1. 可视化在教育领域的应用

教育信息化的不断发展,产生了海量的教育数据,如何对教育大数据进行分析与可视化呈现,是教育领域中的重大问题。教育大数据对于如何更好促进学生的个人发展,如何更好发掘教育教学规律,如何更好提升教育管理服务和教育治理水平,如何更好制定教育决策起到了关键作用。

可视化在教育领域的应用主要体现在学生用户行为分析可视化、课程建设与学生学习分析可视化等多个方面。学生用户行为分析可视化主要是指校园网学生用户行为分析可视化,通过对校园网络进行测量和分析,挖掘和发现网络中呈现出来的各种行为规律,同时识别一些网络异常行为,最后将学生用户行为分析进行可视化呈现。课程建设与学生学习分析可视化主要利用一些学习平台来实现,如利用学校的在线教育综合平台、爱课程网、MOOC(大规模开放在线课程平台)、SPOC(小规模定制在线课程平台)和智慧树、超星尔雅、腾讯课堂、网易云课堂等,利用在线教育平台中的登录学习资源数据和学习轨迹数据以及其他评价数据可以来分析学习者学习的状况。图 6.19 是以散点图显示学生对在线课程的访问次数。

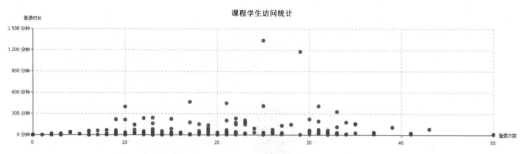

图 6.19　以散点图显示学生的访问次数

对学习者的学习结果进行评价和反馈,更好地改进学习者学习效率,图 6.20 是以可视化形式显示学生作业成绩分布。

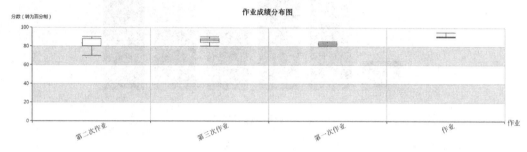

图 6.20　学生作业成绩分布

2. 可视化在医学领域的应用

可视化在医学领域的应用主要表现为医学图像数据可视化。医学图像数据可视化主要是利用现代计算机技术,将收集到的二维医学图像数据重构成物体的三维图像的技术。这种技术通常用于构造人体病变组织或器官的三维图像,通过这种手段获得的三维医学图像对临床应用具有较大的价值。利用可视化还可以进行新型冠状病毒肺炎疫情预测,如国内的丁香园、丁香医生整合各权威渠道发布的官方数据,通过疫情地图直观展示,持续更新最新的新型冠状病毒肺炎的实时疫情动态。图 6.21 所示为全球疫情新增确诊趋势图,图 6.22 所示为重点国家新增确诊趋势图,图 6.23 所示为西班牙疫情新增确诊趋势图,图 6.24 所示为德国疫情新增确诊趋势图,图 6.25 所示为巴西疫情新增确诊趋势图。

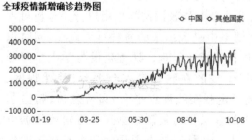

图 6.21　全球疫情新增确诊趋势图

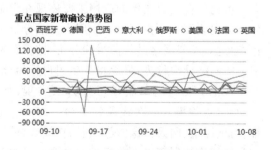

图 6.22　重点国家新增确诊趋势图

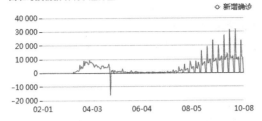

图 6.23　西班牙疫情新增确诊趋势图

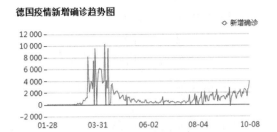

图 6.24　德国疫情新增确诊趋势图

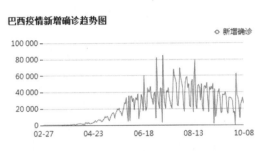

图 6.25　巴西疫情新增确诊趋势图

3. 可视化在互联网的应用

可视化在互联网的应用主要体现在利用数据可视化挖掘出数据背后隐藏的价值信息，为业务的发展方向提供决策依据。在"互联网＋电子商务"时代，通过可视化技术对海量的用户数据进行分析，可以快速确定用户的消费需求。此外，可视化技术在社交网络方面也有着广泛的应用，如利用可视化技术对社交网络中人与人之间的关键因素中的地理位置、关注、兴趣爱好等进行直观展示，从而构建用户体验效果更好的社交网络平台。

练 习 题

一、填空题

(1) 数据可视化的类型主要有_____、_____和_____等多种类型。

(2) 数据可视化主要以_____为基础，其核心包括数据采集、_____、_____和_____等多个步骤。

二、选择题

(1) 大数据可视化工具主要有(　　)。

  A. Tableau   B. 大数据魔镜

C. ECharts　　　　　　　　　　　　D. DATAWATCH

（2）大数据可视化方法主要包括（　　）。

　　A. 文本可视化　　　　　　　　　B. 网络可视化

　　C. 空间信息可视化　　　　　　　D. 字符可视化

三、简答题

大数据可视化应用主要体现在哪些领域？

第7章　大数据应用

本章要点：

- 大数据在教育领域的应用
- 大数据在互联网领域的应用
- 大数据在金融领域的应用
- 大数据在通信领域的应用
- 大数据应用的未来发展趋势

　　大数据是国家基础性战略资源，是21世纪的"钻石矿"，已引起了学术界、产业界、政府及行业用户的高度关注。随着全球化、智能化、数字化进程的加快，数字价值不断得到释放，大数据将从抽象走向具体，从概念走向应用，大数据应用为社会进步、民生改善和国家治理带来了深刻的影响，成为驱动数字经济发展、经济社会转型发展的重要因素。如医疗领域，利用大数据技术可快速实现健康和医疗数据的查询、分析和研判以及反馈等，能够精准有效实现健康医疗数据的智能推送。2016年6月，国务院办公厅发布了《国务院办公厅关于促进和规范健康医疗大数据应用发展的指导意见》，明确提出将健康医疗大数据应用发展纳入国家大数据战略布局，推进政、产、学、研、用联合协同创新，强化基础研究和核心技术攻关，突出健康医疗重点领域和关键环节，利用大数据拓展服务渠道，延伸和丰富服务内容，更好满足人民健康医疗的需求。建立健全健康医疗大数据开放、保护等法规制度，强化标准和安全体系建设，强化安全管理责任，妥善处理应用发展与保障安全的关系，增强安全技术支撑能力，有效保护个人隐私和信息安全。夯实健康医疗大数据应用基础，全面深化健康医疗大数据应用，规范和推动"互联网＋健康医疗"服务，加强健康医疗大数据保障体系建设。2018年，国家卫生健康委员会发布了《国家健康医疗大数据标准、安全和服务管理办法（试行）》，重点强调了要发挥健康医疗大数据作为国家重要基础性战略资源的作用。大数据技术已经融入日常生活的方方面面，并且正在改变人们的生活方式，未来，大数据技术将会与领域结合得更加紧密，数据将成为驱动行业健康和有序发展的重要动力。

　　大数据时代，数据正在成为巨大的经济资产。对于银行来说，利用大数据的能力将成为决定银行竞争力的关键因素；对于政府来说，其掌握的各类大数据对政府的决策具有重要的辅助作用，通过利用大数据可以洞见社会问题、推动社会进步，是其能够有效发挥职能的关键；对于企业来说，利用大数据来了解市场需求，提高竞争力，是其能否实现长足发展的关键。大数据应用技术快速发展，已经实现从信息化的时代向大数据时代的转变，大数据的应用已经渗透到我国社会的各行各业，大数据将成为政府治理、企业管理、产业价值发现的重要工具。大数据主要应用在教育、互联网、金融、医疗、智能制造、城市管理、能源、汽车、餐饮、体育、娱乐以及物流等多个领域，如图7.1所示。

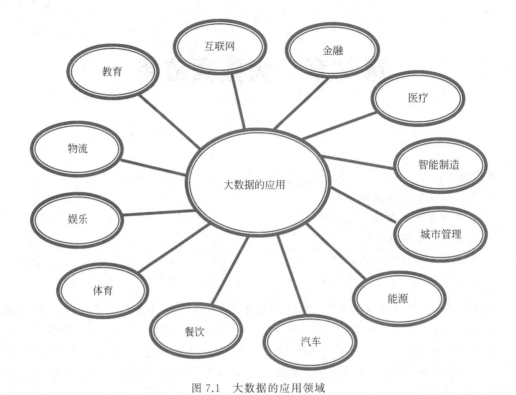

图 7.1　大数据的应用领域

7.1　大数据在教育领域的应用

　　大数据助推学习从线下到线上,从被动式的接受学习到精准学习、个性化学习、移动学习和深度学习,学习方式发生了翻天覆地的变化。利用大数据技术开展数据驱动精准教学,构建新型教学生态,改变传统教学结构及教学流程。教师教学地位与作用出现了新的变化,传统的教学范式也将逐渐被新的教学范式替代。

　　美国联邦政府教育部在 2012 年参与的耗资 2 亿美元的公共教育的大数据计划,将大数据分析应用到美国公共教育中,利用大数据分析来改善教育。大数据在教育中的应用主要有利用大数据来进行精准的学情判断、个性化学习分析和智能决策支持。教育作为一个大数据应用的重要领域,必将发生革命性的变化。如 MOOC(大规模开放在线课程平台)、SPOC(小规模定制在线课程平台)等就是大数据在教育中的典型应用。

　　在未来教育中,大数据存储技术可以用来存储海量的教学与学习资源,大数据分析与处理技术可运用于教育中的数据挖掘,大数据可视化技术可以将学习者的学习状态和学习进度以可视化的形式呈现。利用大数据技术特有的技术优势,通过对课程目标的精准设计,将教学内容与教学形式进行精准化,并对学生的实际情况进行有效分析,可实现对教学目标及学生情况的精准把握。通过学习行为的数据分析与挖掘以及精确的诊断,从而实现精准教学。借助大数据技术的独有优势,高等教育的趋向将是采用线下与线上相结合的混合教学模式,构建用数据说话,用数据研究,用数据管理和决策,用数据创新理念,以线上教学与线下教学相融合的混合教学将会迎来新的发展机遇。大数据在教育领域的应用比较广泛,如深度学习、学习分析、大规模开放式在线课程、考试评价、智能辅导系统、智能学习诊断、信息化校园、基于大数据的精准学情诊断、智能决策支持等,大数据在教育领域的应用可以大幅提升教育品质。

7.1.1　基于大数据的深度学习模型构建

大数据技术的核心是数据分析,数据分析得到的结果可应用于大数据相关的各个领域。将大数据技术融入深度学习,有助于实时掌握学习者的学习状态,实现学情数据的可视化与精准预测,帮助教师与学习者实现自动反馈,对提高学习者的学习效果有着十分重要的作用。

深度学习(deep learning,DL)的概念源于人工神经网络的研究,含多隐层的多层感知器(MLP)就是一种深度学习结构。从表示方面,深度学习可以将单层的训练模块堆叠在一起,从而构建一种深层的结构。深度学习通过一种深层的非线性网络实现对复杂函数的无线逼近,解决浅层学习在有限量的样本和计算单元的情况下对复杂函数表示能力的问题。深度学习的学习过程可以概括为:首先是逐层无监督地预训练单层学习模块,其次每次都将上一层的输出结果作为下一层训练模块的输入,最后训练完所有层后,利用有监督的方式微调整个网络。深度学习是数据密集型的,通过实例来学习如何解决难题,如视觉对象识别、语音识别以及自然语言翻译等。深度学习是机器学习的一个重要分支,是神经网络方法中的一个子集。深度学习因为具有的大规模并行分布式处理、自组织、自学习、自适应和可迁移的学习能力以及数据多样性,对序列信号有记忆功能和鲁棒性等特点。深度学习模型能用非监督式或半监督式的特征学习和分层特征提取高效算法来替代手工获取特征,从而使得过去被废弃的大量非标签数据在神经网络中得到了利用。

深度学习模型主要有卷积神经网络模型、深度信任网络模型、堆栈自编码网络模型、自动编码机、受限玻尔兹曼机和循环神经网络以及多模型融合的神经网络等。卷积神经网络模型是深度学习的一种典型模型,卷积神经网络是一种专门用来处理具有类似网格结构,数据的神经网络,如时间序列数据和图像数据。卷积神经网络是一种深度前馈神经网络,是指在网络的一层中使用卷积运算来替代一般的矩阵乘法运算的神经网路。深度信任网络模型和堆栈自编码网络模型是深度学习的另外两种典型的模型。自动编码机可以不用对训练样本实施标记,是属于非监督学习,主要由输入层、中间层以及输出层构成。输入层神经元数据量与输出神经元数量相等,输出层与输入层比中间层的神经元数量多。受限玻尔兹曼机是由 Hinton 等人提出的,是一种可通过输入数据集学习概率分布的随机生成神经网络,标准的受限玻尔兹曼机通常由可见层单元和二值隐层构成。循环神经网络(recurrent neural networks,RNN)是由 M.L.Jordan 和 Jeffrey Elman 提出的,是深度学习中的一个重要分支,通常用于描述动态的序列数据。深度学习模型只有基于大数据技术才能发挥其威力,才能达到很高的准确度。

大数据背景下,深度学习模型作为对人脑最简单的一种抽象和模拟,是模仿人的大脑神经系统信息处理功能的一个人工智能化系统。深度学习模型是以数学、物理方法以及信息处理的角度对人脑深度学习模型进行抽象,并建立某种简化模型,旨在模仿人脑结构及其功能的信息处理系统。深度学习模型从简单的特征开始,通过神经网络逐层组合的方式,不断地抽取更加复杂的特征到下一层,最终提取到高维的抽象特征,深度学习模型通过输入数据和输出数据对深度学习模型进行训练,深度学习的发展需要大数据技术的支撑。大数据技术下的深度学习模型图如图 7.2 所示。

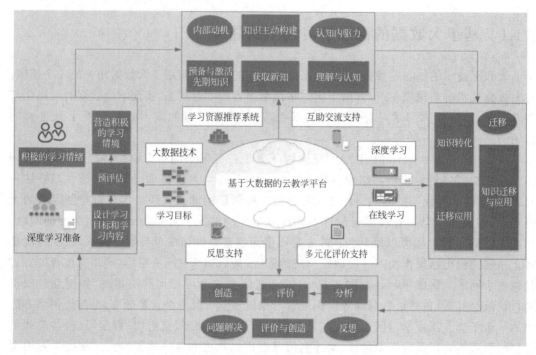

图 7.2　大数据技术下的深度学习模型

大数据技术下的深度学习模型主要包括深度学习准备阶段、设计学习目标和学习内容、预评估、营造积极的学习情境、知识主动构建、知识迁移、知识应用以及评价与反思等多个部分。深度学习准备阶段是大数据技术下的深度学习模型中的主要阶段,主要包括深度学习准备、积极的学习情绪、设计学习目标和学习内容、预评估和营造积极的学习情境等,知识主动建构阶段包括预备与激活先期知识、获取新知、理解与认知、内部动机和认知内驱力等多个部分。知识迁移与应用阶段主要包括迁移、知识转化、迁移应用和知识迁移与应用等部分,该阶段主要引导学习者经过自主的训练及强化练习,使获取的知识转变为技能,且利用在复杂、丰富以及多变的情境中练习和应用技能,可以使学习者获得精准地理解和掌握知识技能。评价与反思阶段是大数据技术下的深度学习模型中的关键阶段,该阶段主要包括分析、评价、创造、反思及问题解决等,其核心是要培养学习者的评价能力及创造性思维。

大数据时代背景下,深度学习作为机器学习中的一个重要分支,已经受到越来越多的学者和研究机构的关注,如蒙特利尔大学的 Yoshua Bengio 教授、中国工程院院士及清华大学的孙家广教授等都对深度学习进行了深入研究。在实现深度学习模型构建中,大数据技术起着重要作用,未来深度学习会成为学习科学领域研究的热点。大数据需要深度学习,深度学习的发展需要大数据技术的支撑。大数据时代的海量数据解决了早期神经网络由于训练样本不足出现的过拟合和泛化能力差等问题,将大数据技术融入深度学习,有助于实时掌握学习者学习状态,实现学情数据的可视化与精准预测,帮助教师与学习者实现自动反馈,对提高学习者的学习效果有着十分重要的作用。

7.1.2　基于大数据技术的混合教学模式构建

大数据时代背景下,混合教学模式是提升教学效果,打造深度课堂和高效课堂,实现学习者的精准学习和深度学习的有效抓手。推进教学模式改革,深化大数据技术与教育教学的深度融合,促进以学习者为中心的教学变革,充分发挥学习者的主动性和积极性,有利于核心素养的发展,是提升教学质量的关键。

大数据技术下的混合教学模式是一种基于大数据技术,在一定的教育教学理论指导下,有效结合线下教学与线上教学的双重优势,贯穿整个课程的课前、课中以及课后的教学环节,以混合教学模式为主的新的教学模式。以建构主义学习理论为基础,线上教学与线下教学相结合,促进核心素养的发展,实现自主学习和深度学习相互融合,在线测评和线下测试相融合,实现多元化考核,改善教学效果。

大数据技术下的教学模式设计要以建构主义学习理论为基础的原则,线上与线下相结合的原则,要以促进核心素养发展的原则,要以多元化融合的原则。

(1) 以建构主义学习理论为基础的原则。大数据技术下的教学模式设计,首先要以建构主义学习理论为基础,以学习者为中心,知识与能力的习得是学习者在主动建构的过程中完成。建构主义学习理论强调学习是在一定的社会文化背景下,借助他人(教师、学习伙伴等)的帮助,实现的建构过程,情景、协作、会话和意义建构是学习的四大要素。建构主义强调理解能力和认知结构的发展在学习过程中的决定作用。大数据技术下,以建构主义学习理论为指导,教师作为线下教学和线上教学的帮助者和促进者,学习者的知识习得不是被动式的灌输,而是学习者主动去获得,教学资源的获得是通过在线平台的智能推荐,学习者的学习行为数据会被记录,自动反馈给学习者,以便提升学习者的学习效率。学习者的学习行为数据会被记录,通过智能诊断系统来改善学习者的学习绩效。

(2) 线上与线下相结合的原则。大数据技术下的教学模式设计,除了以建构主义学习理论为基础外,还要坚持线上与线下相结合的原则,在线学习结合线下学习是混合教学模式区别于传统教学模式的最主要特征。线上的如爱课程网、MOOC(大规模开放在线课程平台)、SPOC(小规模定制在线课程平台)、智慧树、超星尔雅、腾讯课堂、网易云课堂等;线下的利用翻转课堂的理念结合课程特点,进行科学的组织课程教学设计,有效实施课程教学,将教师的主导作用和学习者的主体作用有机统一,促进以学习者为中心的混合教学。

(3) 促进核心素养发展的原则。核心素养是指学生应具有的符合自身发展以及社会发展所必需的能力和素质,基于学生核心素养的教学改革已经成为许多国家或地区制定教育政策以及开展教学实践的基础。坚持以促进核心素养发展,其实质是以学习者为中心的理念,符合培养全面发展人才的需要,满足社会发展的需求。

(4) 多元化融合的原则。多元化融合的原则是大数据技术下的教学模式设计主要遵循的原则。多元是指线上与线下教学相互融合,自主学习与深度学习相融合,线上的测评与线下的测试相互融合,教师引导学习者对知识主动探索,并主动建构知识与能力。

大数据背景下,随着人工智能、物联网、深度学习、5G技术的快速发展,传统的单一教学模式很难满足学习者的需求,因此,有必要采用线下与线上相结合的混合教学模式。大数据技术下,混合教学模式以大数据技术为支撑,运用大数据技术所独有的技术优势,通过对课程教学目标的精准设计,教师主导教学,学生在线学习,精准化教学内容与教学形式,深入挖掘学生学习行为轨迹,智能推送学习效果,实施精准教学干预,打造深度课堂和高效课堂,实现学习者的精准学习和深度学习。大数据技术下的混合教学模式构建如图7.3所示。

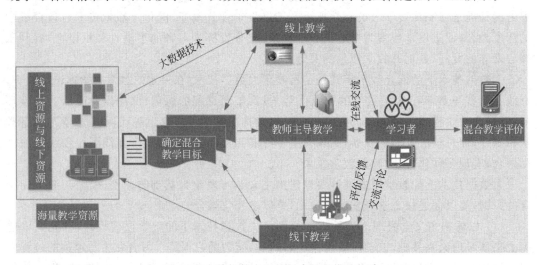

图 7.3 大数据技术下的混合教学模式构建

大数据技术下的混合教学模式构建主要包括混合教学目标、教师、学习者、教学资源、线上与线下教学模块以及混合教学评价等多个部分。混合教学目标是整个混合教学中的重点部分,是指利用混合教学模式能够在学习者身上产生的效果,教学目标的确定是混合教学模式中的关键,是实施混合教学的逻辑起点,是大数据技术下实施混合教学模式的主要阶段。教师是混合教学中的主导者,在线上和线下教学中起着主导作用,学习者是混合教学中的主体,将教师的主导作用和学习者的主体作用有机统一,促进以学习者为中心的混合教学。海量教学资源可为混合教学的有效开展提供便利,混合教学评价区别于传统的单一方式评价,该评价方式是对开展线上教学与线下教学的一种综合性评价,是依据混合教学目标对教学过程及结果进行价值判断并为混合教学决策服务,是对混合教学过程及结果的测量。

大数据时代,学生的学习方式发生了翻天覆地的变化,新的在线学习、移动学习、深度学习等不断涌现,传统的单一化教学模式很难适应学习者的需求,因此,混合教学模式应运而生。混合教学模式是未来课程教学实施的主流教学模式,是提升教学效果,打造深度课堂和高效课堂,实现学习者的精准学习和深度学习的有效抓手。大数据技术下,借助大数据技术的独有优势,以线上教学与线下教学相融合的混合教学将会迎来新的发展机遇。

2015年,国务院印发的《促进大数据发展行动纲要》中提出要全面推进大数据发展和应用,要求要探索发挥大数据对变革教育方式,促进教育公平,提升教育质量的支撑作用。大数据的出现,极大地促进了教育教学方式的变革,教育教学方式从传统的以教为主的方式转变为主导主体的教学模式(以教师为主导,学生为主体),利用爱课程网、MOOC(大规模开放在线课程平台)、SPOC(小规模定制在线课程平台)、智慧树、超星尔雅、腾讯课堂、网易云课堂等多种方式可以辅助教师的教和学生的学,如利用在线教育平台中的登录学习资源数据和学习轨迹数据以及其他评价数据可以来分析学习者学习的状况,并对学习者的学习结果进行评价和反馈,更好地改进学习者学习效率。

7.1.3 大数据技术下的数据驱动教学范式

大数据背景下,教师教学以及学生的学习方式将会发生翻天覆地的变化,与此同时,教师教学地位与作用出现了新的变化,传统的教学范式也将逐渐被新的教学范式替代。随着大数据技术融入教育领域,传统的经验模仿教学范式和计算机辅助教学范式逐渐被新的数据驱动教学范式所取代。大数据技术下,新的教学范式也即为第三个阶段的教学范式:数据驱动教学范式逐渐成为当前大数据时代的主流教学范式。数据驱动教学范式下,教学内容中的文字、图形图像、视频、动画以及虚拟场景在不同的教学媒介中呈现,学习者和教学者的各种行为数据都将被记录下来,以数字化的形式进行存储。教学媒介是教学数据的采集终端和传输渠道,同时也是教学内容的呈现载体,为教学大数据的运行提供支撑。大数据技术下的数据驱动教学范式框架如图 7.4 所示。

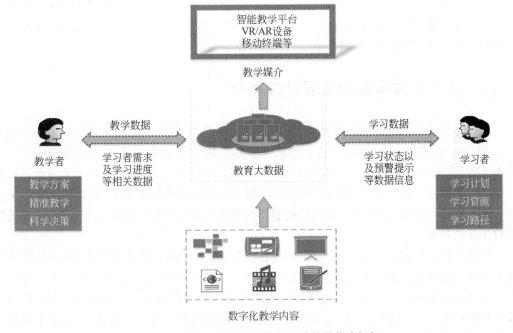

图 7.4 大数据技术下的数据驱动教学范式框架

大数据技术下的数据驱动教学范式与以往的经验模仿教学范式和计算机辅助教学范式有所不同,该教学范式将最新的大数据技术、云计算、机器学习算法、智能评价技术引入,学习者可获得海量的数字化学习资源,并进行智能推送和智能诊断以及智能评价,有利于提高学习者的学习绩效。教学与学习的海量数据产生与收集、传输与处理、存储和对外提供服务都要及时有效,要能够满足学习者需求和精准教学。教学与学习的数据实时采集在功能上需要保证可以完整地收集到所有数据,为实时应用提供实时数据,响应时间上要保证实时性、低延迟、部署简单、系统稳定可靠等。实时计算架构一般采用海量并行处理 MPP 的分布式架构,数据的存储及处理会分配到大规模的节点上进行,以满足实时性要求,在数据的存储上,采用大规模分布式文件系统。

数据驱动教学模式下,教学内容已从传统的纸质教材等教学材料转变为新的数字化的文本、视频、音频、动画以及虚拟场景等,教学者可根据学习者学习需求进行精准教学和科学决策,并对学习者的学习进度进行跟踪,利用数据挖掘技术、可视化技术和学习分析技术挖掘有用的数据信息,让其教学有数可依,真正实现以人为本。利用大数据智慧教学平台可实现师生的在线互动,按照学习者学习进度及学习情况对知识数据进行智能推送。学习者学习的数据可以数字的形式存储下来,利用大数据技术搭建的大数据智慧教育云平台可在线获取海量学习资源,学习者的学习状态和学习进度会以可视化的形式呈现给学习者,以便于根据学习状态和学习进度进行学习决策。教学媒介可实现教学内容的有效呈现,以方便学习者快速获取学习资源进行精准学习。

大数据时代,教育领域产生的数据越来越多,利用大数据技术和数据挖掘技术深度挖掘有用的数据信息,为数据驱动教学决策的顺利开展提供参考,对提升教育教学质量,促进学习者的学习绩效有很好的作用。数据驱动教学范式逐渐取代传统的经验模仿教学范式和计算机辅助教学范式将成为大数据时代的主要教学范式,利用大数据技术结合智能平台实现教学与学习海量数据的采集与处理,进行学习行为数据的深度挖掘与可视化呈现,个性特征发现和智能诊断,更好地实现精准教学与精准学习。

7.1.4　基于大数据的智慧教育云平台

大数据背景下,翻转课堂、翻转学习、创客教育等新型的教学模式和学习方式不断涌现以及 MOOC 的逐渐流行,教师的教学模式和学习者的学习方式不再仅仅局限于传统的模式和方式,而是趋向于多元化。在新型的教学模式和学习方式下,大数据背景下的智慧教育云平台可为教师提供整个平台的数据可视化,数据可视化可使用标签云图、生动形象的统计图表来呈现学习者的地理位置分布、性别和年级情况分布、作业和讨论情况分布等,为教师的教学提供帮助。

教育云可以被理解为云计算在教育中的应用。作为一种新的服务模式,教育云服务受到了热捧,《教育信息化十年发展规划(2011—2020)》中明确提出了建设中国教育信息化云服务平台的任务和行动计划。智慧教育云平台是基于云计算技术、虚拟化技术、分布式存储等技术架构的一个智能化,且能为不同用户提供租用或免费云服务的操作平台,该平台可实现智慧教学、智慧学习、智慧管理、智慧科研、智慧评价等服务,可有效地解决教育资源不平等以及教育资源浪费等诸多问题,真正实现了将教育资源提供给哪些最需要资源的用户,充分实现了资源的按需使用,实现了资源的有效共享。利用数据挖掘技术和学习分析技术来构建智慧教育云平台。学习分析指的是对学生生成的海量数据进行解释和分析,以评估学生学业进展,预测未来表现,并发现潜在问题。智慧教育云平台是一个为师生和家长提供智慧云服务的平台,利用识别技术、情景感知技术、人工智能技术、机器学习以及知识工程等可轻松实现用户的终端、状态信息以及环境信息的识别,实现信息的智能化处理,实现智能化的信息检索和可视化的信息检索,实现以师生和家长为主的互联模型,实现信息资源的智能推送,为个性化学习提供了帮助和支持。

　　智慧教育云平台主要由智慧教育、智慧学习、智慧服务、智慧资源、智慧环境、智慧管理和智慧评价等多个部分组成,如图 7.5 所示。

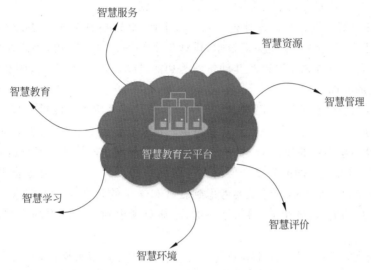

图 7.5　智慧教育云平台的构成

　　智慧教育和智慧学习是智慧教育云平台的核心部分,通过该平台教师可实现智慧教学,学生可实现智慧学习。智慧资源主要是指智慧教育资源和智慧学习资源,在云平台可实现智慧资源的智慧检索和共享,智慧管理、智慧环境和智慧评价是智慧教育云平台不可或缺的一部分,都具有重要的作用。

　　智慧教育云平台可为学生提供基于知识图谱(所有知识点汇聚的知识架构图)的学习。知识架构图有利于学习者快速查找自己需要的知识点,只需单击便可轻松获取自己想要的知识,使学生更容易把握学习的脉络。教师通过云平台可实时在线查看学生的学习情况反馈信息以及通过聚类分析来获取有用信息,并针对该信息进行有针对性的授课和解答。丰富的智慧教学场景可为教师带来新的互动教学体验,教师可通过学生学习数据和成长轨迹,利用数据可视化技术、人工智能技术以及数据挖掘技术,来对学生的学习进度和知识掌握情况进行可视化显示,并对学生的学习效果进行个性化和科学性的评价,评价后可及时将信息智能推送到学习终端,获得信息后可及时做出调整,以便于提升学生的学习效果。

1. 智慧教育云平台设计

　　智慧教育能够给予学生更丰富的交流展示平台,开放学习过程,引导学生深入思考,相互借鉴,彼此评价,相互帮助,共同反思。这一平台有利于差异化学习的开展,更能满足不同层次学生学习的需求,课堂教学更注重个性化的学习,保障和落实学习者的主体地位和中心地位。同时,这一平台给予学生更多自主学习的空间,有利于学生对知识能力的应用实践和智慧训练。

（1）设计原则。智慧教育云平台以云服务为支撑，构建一个优质资源整合、共享、应用为中心，以智慧学习、智慧学习环境、智慧教学法为基石，以增强学习者的知识建构，以提升学习者的协作学习水平，以促进学习者的智慧发展为根本目的，是对未来教育模式的一次新的尝试。因此，设计好一个易操作且安全性较高的智慧教育云平台很重要，但一个好的平台设计需要遵循一定的设计原则，好的设计原则，对设计者来说很重要。设计一个先进性、功能完善且安全的智慧教育云平台需遵循以下 6 个原则。

① 可行性与实用性原则。设计智慧教育云平台，首先必须要考虑的是该平台的设计是否可行，需要用到的主要有哪些关键技术，设计出来的平台是否实用，用户在登录平台后能不能使用该平台进行资源获取以及互动学习等功能，同时，还要能够为教师和学生以及家长提供友好交互的界面。

② 先进性与科学性原则。智慧教育云平台的设计要采用先进的设计理念，利用先进成熟的技术，科学的方法，使系统平台具有良好的性能和稳定性，以满足用户的需求。

③ 综合性与整体性原则。智慧教育云平台是为教师、学生以及家长提供智慧云服务的，平台的设计需要从不同的角度和层面来考虑用户的多方面需求，要综合考虑，才能设计出比较完善的平台。平台的设计既要考虑到教师和学生的教学和学习需求，还需要考虑到家长对数据信息的需求，要全面、整体地考虑，不能只考虑到某个用户的需求，因此，要遵循整体性原则。

④ 易操作性原则。对于设计出来的智慧教育云平台要容易操作，不能太复杂，太复杂就会影响学习、教学以及互动效果，影响学习和教学的进度，不利于智慧教学和智慧学习，因此，设计平台时要遵循易于操作性的原则。

⑤ 可扩展性原则。一个良好的智慧教育云平台系统要具备可扩展性，关键是要按照需求进行部署，并对动态资源的可重构性、智慧管控以及自动部署及时予以解决，要以云计算机、大数据、虚拟化技术、人工智能技术、知识工程、并行计算和云存储等为基础，设计出一个具有可扩展性的云平台。

⑥ 安全性原则。安全性是智慧教育云平台所必须具备的，要对不同用户的权限进行明确的区分，确保不会造成用户冲突，做好安全防护，以防计算机病毒及黑客的恶意攻击，对于重要的信息要进行加密和认证，要保证重要数据信息的完整性、安全性，使智慧教育云平台具有很好的安全性。

（2）登录界面设计。智慧教育云平台的用户在进入平台之前需要进行注册，注册完成并经过认证后，才可以登录并进入该平台，平台界面图如图 7.6 所示。

智慧教育云平台是一个进行翻转学习，优质资源共享，智慧学习以及交流和互动的最佳平台。海量的学习资源、优质高效的互动式学习空间，为学生进行个性化学习提供了帮助，体现了以学生为本的服务理念，开放式、共享式的海量教学资源库可为教师提供优质的教学教辅教育素材，互动式的学习空间可为家长、教师和学生提供实时在线互动式交流。

2. 智慧教育云平台构建

智慧教育历来受到人们的重视，在国内已有很多专家和学者研究。智慧教育云平台的设计是构建智慧教育大厦的重要部分，该平台可支持各类智慧教育，如在线交互式学习、在线互动教学、智慧管理、智慧评价等。大数据背景下的智慧教育云平台打破了传统的教育信

图 7.6　智慧教育云平台登录界面

息化边界,可实现在线数据信息的可视化,可视化智慧教育管控,远程督导等。

大数据背景下,由于数据量巨大,因此,需要用 Hadoop 来对大数据进行分析与处理,大数据环境下的智慧教育云平台数据分析与处理模型图中物理层是底层部分,在该层可实现海量数据资源的存储,通过 Hadoop 和数据统计,机器学习,数据挖掘技术以及人工智能技术,可实现信息的智能推送。该平台的应用层主要部分有智慧教学、智慧学习、智慧管理、智慧服务、智慧环境和智慧评价。

(1) 平台总体架构。大数据环境下,根据智慧教育云平台的设计原则和设计流程,给出了智慧教育云平台的架构图,该架构共分为 7 层,如图 7.7 所示。

① 物理层。在物理层,主要包括一些硬件设备,如海量数据存储设备、网络设备、服务器和计算机等。在大数据环境下,该层起着非常重要的作用。

② 虚拟资源层。虚拟资源层位于物理层之上和逻辑层之下,主要包括网络资源池、存储资源池、数据资源池、计算资源池 4 个部分。该层为平台的运行提供了保障。

③ 逻辑层。逻辑层位于虚拟资源层和应用层之间,为智慧教育云平台的核心管理层,负责对任务以及资源等方面进行管理,并对用户的请求给予及时的响应,使资源实现有效地管理,并为用户提供安全有效的服务。

④ 展现层。展现层位于应用层之上,该层主要提供手机客户端、Web 门户、WAP 门户等的展现方式,主要有展现模块、接入模块和可视化模块 3 个部分。展现模块主要包括栏目展现、个性化设置、信息推送、个人信息管理、内容搜索、注册登录、栏目管理等部分;接入模块主要有服务接入、接入授权、接入配置等部分;可视化模块主要有在线数据信息可视化、可视化智慧教育管控等部分。

⑤ 应用层。应用层在逻辑层之上和展现层之下。在该层中主要有智慧教学、智慧学习、智慧管理、智慧服务、智慧环境和智慧评价等部分,主要为教师、学生、家长提供应用服务,并通过利用现有的智慧信息资源为用户提供个性化、多样化、全方位的智慧服务。

⑥ 网络层。网络层位于用户层和展现层之间,用户可通过 CMNET、CTNET 等网络接

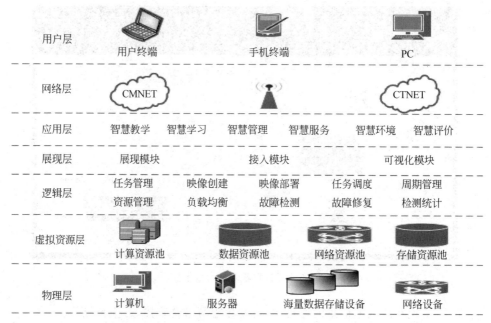

图 7.7　大数据环境下智慧教育云平台系统架构图

入智慧教育云平台系统。

⑦ 用户层。用户层位于网络层之上,智慧教育云平台支持手机、PC 等多种类型的终端设备接入访问。

(2)平台的开发。为了构建大数据背景下的智慧教育云平台,本研究进行了智慧教育云的 Hadoop 大数据平台物理上部署在操作系统和虚拟化环境之上的测试,用到的软硬件设施包括:3 台笔记本电脑,1 台服务器,1 个 Hadoop-1.2.1.tar.gz 以及 Sun java6-jdk、SSH、Eclipse 和 Ubuntu 12.04.3 x86_64 安装包。安装和部署的步骤如下:①首先安装 Ubuntu,选用默认配置即可。②安装 JDK,设置 Sun java6-jdk 为默认的 Java 程序。③安装 SSH,安装完成后,还需配置 SSH。④安装 Hadoop,具体的安装和配置可参见 Hadoop 相关资料。更新 Hadoop 环境变量,部署 HDFS 作为分布式文件系统,用于文件级操作;部署 HBase,用于分布式的数据存储。采取基于<key,value>的列式存储,采用 Hadoop MapReduce 作非结构数据的批量处理,Hive 和 Impala 整合构成非结构化数据查询和分析的基础,采用 Hadoop 的 Eclipse-Plugin 作为集成化的编译环境。配置 conf/core-site.xml 文件,部分代码如下:

```
<property>
    <name>fs.default.name</name>
    <value>hdfs: 主机名: 端口号</value>
</property>
<property>
    <name>Hadoop.tmp.dir</name>
    <value>/home/Hadoop/Hadoop_home/var</value>
</property>
```

配置 conf/mapred-site.xml 文件,部分代码如下:

```
<property>
    <name>mapred.jobtracker</name>
    <value>主机名:端口号</value>
</property>
<property>
    <name>mapred.local.dir</name>
    <value>/home/Hadoop/Hadoop_home/var</value>
</property>
```

配置 conf/hdfs-site.xml 文件,部分代码如下:

```
<property>
    <name>dfs.name.dir</name>
    <value>/home/Hadoop/name1,/home/Hadoop/name2 </value>
    <description></ description >
</property>
<property>
    <name>dfs.data.dir</name>
    <value>/home/Hadoop/data1,/home/Hadoop/data2 </value>
    <description></description >
</property>
```

启动 Hadoop,格式化一个新的分布式文件系统,启动所有节点并进行测试。浏览 NameNode 和 JobTracker 的网络接口,找到默认地址。

(3) 具体应用。大数据背景下,智慧教育云平台可在移动智能终端或 PC 上进行登录。无论采用哪一种方式,都可登录该平台,该平台的应用效果如图 7.8 所示。

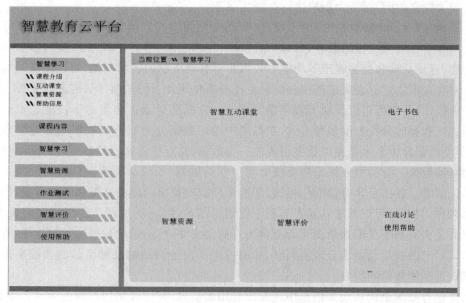

图 7.8　智慧教育云平台的应用效果图

大数据环境下,富有表现力的可视化,易于使用,交互活动,支持可视化思考,实现任何存储位置的数据可视化,学生家长与老师利用云学校平台可及时进行在线的实时交流和沟通,对学生的学习动态情况进行实时的了解和掌握,充分实现了家校的互动交流。智慧教育云平台助力大数据环境下的教育信息化建设,对于建设大数据环境下的教育信息化全新教育教学环境,实现智慧教学及智慧互动课堂提供了很好的条件,是教育信息化的未来趋势,智启教育的新未来。

随着大数据分析与处理技术、可视化技术的发展,会有越来越多的学者和组织参与到大数据与智慧教育的研究中来,从而实现大数据背景下的智慧教学,智慧互动课堂,智慧学习,智慧管理,促进教育信息化的飞速发展。

7.2 大数据在互联网领域的应用

大数据在互联网领域的应用主要包括电子商务、网络游戏、精准营销、在线视频、在线音频、社交网络、个性化服务、商品个性化推荐等。大数据时代背景下,随着计算机技术的进步,以及移动互联网、人工智能、物联网、大数据和 5G 移动通信网络技术的发展,信息技术已呈现出比较明显的人、机、物三元融合的态势,新兴的应用不断涌现,引发了数据规模的爆炸式增长。各类基于大数据的应用日益对全球生产、分配、流通和消费活动以及经济运行机制、社会生活方式等产生重要的影响。如阿里巴巴通过大数据分析建模、智能图像识别、智能追踪等技术,从 10 亿量级的在线商品中发现假冒伪劣商品。智能数据信息推荐服务是一种根据用户的信息需求、兴趣或行为模式,将用户感兴趣的信息、产品和服务推荐给用户的个性化信息服务模式。大数据环境下,根据用户兴趣、爱好、习惯以及各个用户之间的相关性向用户在线推荐商品提供浏览建议,通过不定期调整网站的结构方便用户访问,动态地为用户定制个性化的网站等,为用户进行智能化服务。

电子商务是以信息网络技术为手段,以商品交换为中心的商务活动。电子商务可提供网上交易和管理等全过程的服务,具有广告宣传、咨询洽谈、网上订购、网上支付、电子账户、服务传递、意见征询和交易管理等功能。数据是对客观事物的逻辑归纳,可以用符号和字母等方式对客观事物进行直观描述。数据也是进行各种统计、计算、科学研究或技术设计等所依据的数值,这些数值可以反映客观事物的属性。数据还是表达知识的字符集合和信息的表现形式。数据的分类有很多种方式,在电商中常用数据分为数值型数据和分类型数据两类,数值型数据即由多个单独的数字组成的一串数据,是直接使用自然数或度量衡单位进行计量的具体数值。分类型数据是指反映事物类别的数据,如商品类型、地域区县、品牌类型和价格区间等。数据是具有诊断作用的,能够帮助我们找出问题的来源和解决方案,如通过对商品名称的搜索,可以判断其是否有利于搜索引擎的搜索;通过网店的浏览时间长短,可以判断其是否有利于浏览和给浏览者提供美好的交流体验等;通过数据的预测作用,管理决策者可以对产品或活动做出合理的判断,如通过电子商务网站的某种商品的关键字搜索量来预测该商品销售量的提升。

智能推荐技术是指从众多信息中提取出有用的信息,利用收集用户的行为日志等数据,分析用户的偏好并向其推荐感兴趣的信息,智能推荐系统主要由用户、用户模型和推荐对象模型以及推荐引擎 4 个部分组成。基于内容的推荐可随用户偏好改变而发生变化,解释性强,不需要参考其他用户的数据和评分,但需要用户的历史数据,且个人的信息不能为其他人推荐提供有用信息,个性化程度低,存在冷启动问题;协同过滤推荐算法能处理非结构化复杂对象,可推荐新信息,可避免内容分析的不完全和不精确,能够有效地使用其他相似用户的反馈信息,加快个性化学习的速度;基于关联规则的推荐算法易发现新的兴趣点,但关联规则难抽取,且十分耗时,个性化程度较低,商品名称的同义性问题也是关联规则的一个难点;基于知识的推荐算法不依赖于用户的偏好历史记录,能够即时响应用户的推荐需求,不受用户偏好影响,也不存在冷启动问题,但专业产品知识库的构建难度较大;基于上下文的推荐算法能提高推荐精度,但数据量大,计算复杂,算法运行效率较低,稀疏性、冷启动、隐私与安全方面都存在问题;基于深度学习算法可跨平台进行信息融合,推荐效果较好。

大数据环境下,基于因特网的电子商务蓬勃发展,信息强度和密度前所未有,用户数与项目数呈指数级增长,智能化信息推荐服务显得越来越重要。智能信息推荐系统在理论和实践上都得到了很大发展,其核心部分就是对服务及应用进行研究。智能数据信息推荐服务是一种根据用户的信息需求、兴趣或行为模式,将用户感兴趣的信息、产品和服务推荐给用户的个性化信息服务模式,如热点链接、动态链接生成、文件预取、信息推送、信息提醒、电子商务网站的产品推荐、查询重构策略推荐等。信息推荐服务不仅要提供友好界面,而且要方便用户交互,要能够了解与跟踪用户的偏好、兴趣和需求,为用户提供其个性需求的各种信息资源,排除不相关信息的干扰,为用户提供智能化数据信息服务。基于大数据的智能化数据信息推荐服务是信息服务业未来的发展方向。智能化信息推荐服务模式加快了电子商务信息服务的个性化、智能化的发展,为用户带来便捷、智能化服务的同时,也为电子商务企业带来了巨大的经济利益,对电子商务智能化信息服务有一定的推动意义。

随着传统互联网向移动互联网发展,大数据给互联网带来的是空前的信息爆炸,它不仅改变了互联网的数据应用模式,还将深深地影响着我们的生活。借助于大数据技术,可以分析客户行为,进行商品推荐和有针对性广告投放。互联网的典型数据有业务数据和非业务数据、行为数据、外部数据,在这样的数据基础上,互联网业务可以通过数据化运营技术来增加业务值。互联网的行业特性决定了互联网的业务就是大数据业务,互联网的连接属性、互动属性以及网络效应催生海量数据,海量数据下的互联网业务必须依靠大数据技术来实现其价值。互联网行业大数据应用可以进行产品改善和渠道市场效果评估改善,更好地实现业务价值。互联网行业大数据应用可以有效加强风险控制,降低互联网业务潜在的风险损失。互联网行业大数据应用可以降低用户运营成本,提高基于用户生命周期的精细化运营质量。

7.2.1　智能推荐系统

推荐系统是自动联系用户和物品的一种工具。通过研究用户的兴趣偏好,发现用户的兴趣点,帮助用户从海量信息中去发掘自己潜在的需求,进行个性化计算。通过分析用户的历史数据来了解用户的需求和兴趣,从而将用户感兴趣的信息、物品等主动推荐给用户。推荐系统通过发掘用户的行为记录,找到用户的个性化需求,发现用户潜在的消费倾向,从而将长尾商品精准地推荐给需要它的用户,帮助用户发现那些他们感兴趣但却很难发现的商品,最终实现用户与商家的双赢。

智能推荐系统的本质是建立用户与物品的联系,根据推荐算法的不同,推荐方法主要包括专家推荐、基于统计的推荐、基于内容的推荐、协同过滤推荐和混合推荐等。专家推荐是一种传统的推荐方式;基于统计的推荐是一种基于统计信息的推荐,概念直观,易于实现,但对于用户个性化偏好的描述能力较弱;基于内容的推荐是信息过滤技术的延续与发展,更多的是通过机器学习的方法去描述内容的特征,并基于内容的特征来发现与之相似的内容;协同过滤推荐是推荐系统中应用最早和成功的技术之一,一般采用最邻近技术,利用用户的历史信息计算用户之间的距离,然后利用目标用户的最近邻居用户对商品的评价信息,来预测目标用户对特定商品的喜好程度,最后根据这一喜好程度来对目标用户进行推荐;混合推荐是一种多种推荐算法的有机组合,如在协同过滤之上加入基于内容的推荐。

智能推荐系统一般包括 3 个部分,分别为用户建模模块、智能推荐对象建模模块、推荐算法模块。推荐系统首先对用户进行建模,利用大数据技术和人工智能来对用户行为数据和属性数据进行分析,挖掘用户的兴趣和需求,同时也对推荐对象进行建模,利用基于用户特征和物品特征,采用智能推荐算法计算得到用户可能感兴趣的对象,根据推荐场景对推荐结果进行一定的过滤和调整,最终将推荐结果展示给用户。智能推荐系统通常需要处理海量的数据,既要考虑推荐的准确度,也要考虑计算推荐结果所需要的时间。智能推荐系统可分为离线计算部分与实时计算部分,离线计算部分对于数据量、算法复杂度、时间限制比较少,可得出较高准确度的推荐结果。在线计算部分则要求能快速响应推荐请求,能够容忍相对较低的推荐准确度,将在线推荐结果与离线推荐结果有效结合,可为用户提供高质量的推荐结果。智能推荐系统在电子商务、在线视频、在线音乐和社交网络等各类网站和应用中扮演着重要角色,如亚马逊网站利用用户浏览的历史记录来为用户推荐商品,通过智能推荐系统可使用户轻松获得感兴趣商品的信息。智能推荐系统的基本架构如图 7.9 所示。

7.2.2 协同过滤

协同过滤是推荐算法中最基本的算法,主要的功能是预测和推荐。协同过滤的原理是通过了解用户与物品之间的关系进行推荐,物品本身的属性不考虑在内。协同过滤主要可以分为基于用户的协同过滤和基于物品的协同过滤。基于用户的协同过滤算法的实现主要包括两个步骤,分别为:①找到和目标用户兴趣相似的用户集合。②找到该集合中的用户所喜欢的且目标用户没有听说过的物品推荐给目标用户。基于用户的协同过滤算法是推荐系统中比较经典的一种算法,主要考虑的是用户与用户之间的相似度,其基本思想是基于用户对物品的偏好找到相似用户,之后将相似用户喜欢的东西推荐给当前用户,如在网上购买一本《大数据技术》的书,网站上很快就会推荐一些大数据相关的书籍给我们。基于物品的协同过滤算法是给目标用户推荐那些和他们之前喜欢的物品相似的物品。基于物品的协同过滤算法主要包括两个步骤,分别为:①计算物品之间的相似度。②根据物品的相似度和用户的历史行为,给用户生成推荐列表。基于物品的协同过滤算法并不利用物品的内容属性计算物品之间的相似度,而主要是通过分析用户的行为记录来计算物品之间的相似度。

基于用户的协同过滤算法与基于物品的协同过滤算法思想是相似的,计算过程也类似,但也有区别,基于用户的协同过滤算法推荐的是那些和目标用户有共同兴趣爱好的其他用

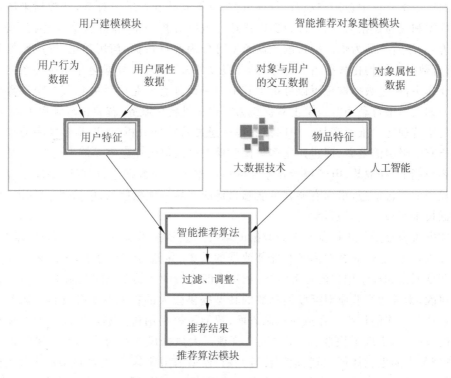

图 7.9　智能推荐系统基本架构

户所喜欢的物品,而基于物品的协同过滤算法则推荐的是那些和目标用户之间喜欢的物品类似的其他物品。基于用户的协同过滤算法推荐比较偏向于社会化,而基于物品的协同过滤算法推荐则偏向于个性化。基于用户的协同过滤算法比较适合于新闻推荐及微博话题推荐等应用场景,其推荐结果在新颖性方面具有一定的优势。基于物品的协同过滤算法则在电子商务、电影、图书等应用场景中广泛使用,可以利用用户的历史行为给推荐结果做出解释,让用户对推荐结果更为可信。

7.3　大数据在金融领域的应用

　　大数据在金融领域的应用主要是将大数据与金融深度融合,用科技来驱动金融,提升金融服务效率。通过大数据、云计算、人工智能、区块链等,来改变传统的金融信息采集来源和风险定价模型以及投资决策等,利用态势感知、深度学习、关系图谱、智能决策等人工智能技术,结合设备指纹和业务数据,在海量合规数据分析的基础上,建立全面精准的规则引擎,可实现业务实时预警,进行风险控制和反欺诈。金融行业具有信息化程度高、数据质量好、数据维度多、应用场景多等特点,大数据在金融领域的应用可以提高客户行为分析、差异化营销、差别定价以及产品设计、风险实时监测和预警等多方面的能力。

　　大数据在金融领域的应用范围较为广泛,主要有精准营销、风险管控、决策支持和效率提升以产品设计等多个方面,涉及银行、证券、保险、支付清算、互联网金融等。大数据在银行方面的应用主要集中在用户经营、数据风控、决策支持和产品设计等,其数据来源主要是以客户数据和交易数据为主,外部数据以描述性数据分析为主,预测性数据建模为辅;以经营客户为主,经营产品为辅。银行的数据类型可分为客户数据、信用数据、资产数据和交易数据,所有数据中结构化数据占大部分,具有很强的金融属性,数据会存储在关系型数据库和数据仓库中,通过数据挖掘可以分析出其中的一些具有商业价值的隐藏在交易数据之中的信息。如美国银行利用客户单击数据集为客户提供特色服务,花旗银行利用 IBM 沃森计算机为财富管理客户推荐产品。中国招商银行通过对数据分析,认识到多次积分和积分兑换商店能有效吸引消费者,通过建立客户预警模型可以保留住最容易流失的客户,招商银行通过对客户刷卡、存取款、电子银行转账和微信评论等行为数据进行分析,每周给客户发送针对性较强的广告信息,里面有顾客可能感兴趣的产品和优惠信息;中信银行信用卡中心利用大数据技术实现了实时营销。

　　大数据可为金融行业提供基于大数据的解决方案及技术服务,如精准营销、信贷风控、信息科技维护等,通过对客户内部和外部数据的采集、存储、挖掘、分析,满足客户在大数据背景下深度洞察和探索用户的业务需求;利用实时在线的营销及风险控制平台提高效率,降低交易风险,为金融行业应对互联网趋势的转型提供强大的技术及服务支持。风险控制是金融行业业务工作的核心。在风险控制方面,智能风控利用机器学习原理并通过模型来检测潜在的风险点,实现了快速、高效的风险管理。大数据风控结合多方面的风险识别和模型,通过贷款人的生物体征识别、地理位置判断、模型信用评分等,对高风险的申请人自动拒绝,对可疑交易主动预警,对贷款后的状况进行跟踪和预判,及时止损,全方位地在贷前、贷中和贷后进行风险管控。金融行业是典型的数据驱动行业,每天都会产生大量的数据,包括交易、报价、业绩报告、消费者研究报告、各类统计数据、各种指数等。所以,金融行业拥有丰富的数据,数据维度比较广泛,数据质量也很高,利用自身的数据就可以开发出很多应用场景。如果能够引入外部数据,还可以进一步加快数据价值的变现,外部数据中比较好的有社交数据、电商交易数据、移动大数据、运营商数据、工商司法数据、公安数据、教育数据和银联交易数据等。大数据在金融领域的应用如图 7.10 所示。

图 7.10　大数据在金融领域的应用

1. 大数据在银行业的应用

　　大数据在银行业应用的典型案例,如摩根大通银行利用决策树技术降低了不良贷款率,转化了提前还款的客户,一年为摩根大通银行增加了 6 亿美元的利润。美国的 ZestFinance 公司利用大数据算法进行个人信用评分和风险控制。国内方面,如中国人民银行与北京至信普林科技有限公司联合,利用大数据算法解决了信用分数区分度下降以及刷分漏洞等问题,对征信中心进行信用评分体系优化,实现了系统的稳定性和准确性。此外,中信银行信用卡中心使用大数据技术实现了实时营销,光大银行建立了社交网络信息数据库,招商银行利用大数据发展小微贷款等。中国招商银行利用数据分析认识到"多次积分"和"积分兑换商店"能有效吸引消费者。通过建立客户预警模型可以保留住最容易流失的客户,因此,通过分析客户交易记录,能够识别潜在的客户,利用远程银行和云平台实施交叉销售,能够有效地提升业务量。银行在产品研发及新业务扩展方面也有紧迫的需求,而基于大数据及人工智能营销方案,通过挖掘银行海量的客户数据,找到客户的痛点及需求,实现点对点的精准营销,可以助力银行实现业务增长。银行大数据应用主要包括客户画像、精准营销、风险管控和运营优化 4 个方面,如图 7.11所示。

图 7.11　银行大数据应用

客户画像主要分为个人客户画像和企业客户画像。个人客户画像包括消费能力、兴趣和风险偏好等数据。企业客户画像包括企业的生产、流通、运营、财务等数据。客户画像解决方案可以全面整合客户数据,对海量用户交易数据进行深度分析,以便进行精准营销和管理。在客户画像的基础上,银行可以有效地开展精准营销。风险管控方面,可以利用大数据技术对中小企业贷款风险的评估和对欺诈交易的识别,从而帮助银行降低风险。运营优化方面,大数据分析方法可以改善经营决策,为管理层提供可靠的数据支撑,使经营决策更加高效和敏捷,精准性更高。

2. 大数据在证券行业的应用

随着大数据技术的快速发展,证券行业掌握的客户资料、交易记录以及后台服务等数据信息呈现爆炸式增长,通过对这些海量数据信息的综合分析,为预测市场经济变化提供了丰富的数据支撑,也为证券行业的快速发展提供了重大的历史机遇与挑战。当前,大数据技术已成为分析和研究证券行业基础数据,进行深度挖掘有效信息的工具。大数据技术下,根据用户交易数据统计出客户交易情况,按照客户的行为特征进行分类,建立数据仓库来存放客户群的交易数据,通过数据仓库进行数据挖掘和关联分析,以达到面向主题的信息提取,最后,对客户的需求特征和盈利模式进行分类,找到最具价值和盈利潜力的客户群体。

大数据在证券行业的应用主要有 4 个方面,分别为股价预测、客户关系管理、流失客户预测以及投资景气指数。股价预测方面,如英国 Derwent Capital Markets 公司建立了规模为 4000 美元的对冲基金;客户关系管理可分为客户细分和流失客户预测两个方面,客户细分是指通过分析客户的账户状态、账户价值、交易习惯、投资偏好及投资收益,来进行客户聚类和细分,从而发现客户交易模式类型,找出最有价值和盈利潜力的客户群,更好地配置资源和政策,改进服务,抓住最有价值的客户;流失客户预测主要是券商可根据客户历史交易行为和流失情况来建模,从而预测客户流失的概率;投资景气指数方面,如国泰君安证券推出的个人投资者投资景气指数等。证券行业需要通过数据挖掘和分析找到高频交易客户、资产较高的客户和理财的客户,利用数据分析的结果,证券公司就可以根据客户的特点进行精准营销,推荐针对性服务。证券行业拥有的数据类型有个人属性信息,交易用户的资产和交易记录,用户收益数据,证券公司利用这些数据和外部数据来建立业务场景,筛选目标客户,为用户提供适合的产品,提高单个客户收入。保险行业的数据业务场景主要是围绕保险产品和保险客户进行的,如利用用户行为数据来制定车险价格,利用客户外部行为数据来了解客户需求,向目标用户推荐产品等。

3. 大数据在保险行业的应用

保险行业主要是通过保险代理人与保险客户进行连接,其数据业务场景是围绕保险产品和保险客户进行的。保险公司的主要数据有人口属性信息、信用信息、产品销售信息、客户家人信息等。保险公司内部的交易系统不多,交易方式较为简单,数据主要集中在产品系统和交易系统之中。保险公司可以运用大数据来构建网上客户数据库,准确分析客户的保险需求,深入了解客户特点,依据客户的需求来设计保险产品,为客户提供专属的产品方案和便捷的投保理赔服务。

大数据在保险行业的应用主要体现在客户细分、精细化营销、欺诈行为分析、精细化运营等方面。客户细分是利用大数据技术和机器学习算法来对客户进行分类,并针对分类后的客户提供不同的产品和服务策略。保险公司通过利用大数据整合客户线上线下的相关行为,借助数据挖掘手段对潜在客户进行分类,细化销售重点。精细化营销主要是通过收集互联网用户的各类数据,如地域分布等属性数据,搜索关键词等即时数据,以及搜索购物行为和浏览行为等行为数据,实现精准营销。欺诈行为分析主要是基于企业内、外部交易和历史数据,实时或准时预测和分析欺诈软件等非法行为。精细化运营主要包括产品优化及运营分析等,其中,产品优化主要是指在大数据技术下,保险公司可以通过自有数据以及客户在社交网络的数据,解决现有的风险控制问题,为客户制定个性化的保单,获得更加精准及更高利润的保单模型,并为每一位客户提供个性化的解决方案;运营分析是基于企业内、外部运营、管理及交互数据,利用大数据平台,全方位统计和预测企业经营和管理绩效。

大数据促进保险产品的创新和定价应用。保险机构利用医疗数据、社交数据、交易数据等多方面的大数据进行有效分析,将能开发出各类新奇的保险产品。保险公司利用大数据资源与大数据技术可以将客户细分为成千上万种,当客户信息数据量足够多时,就可以开发针对不同客户群体的具体产品;而当客户信息数据量足够大时,保险公司就描绘出更加精准的用户画像,从而为不同特征的客户给予更多个性化的关注和定价,这也给保险公司带来独特的竞争优势。

大数据提升保险产品的高效理赔和风险防控。大数据提升保险产品的高效理赔,大数据分析利用模型、数据库搜索、异常报告等分析方式,在理赔过程的各个阶段更有辨别力地进行判断,实现反欺诈。大数据分析是保险行业进行风险防控有力的手段,在大数据的风险防控下,可汇总各类虚假核赔信息的类别和特点,建立起反欺诈核赔模型和算法体系,将所有理赔申请都先由反欺诈核赔模型进行检验和分析,可以形成有效的隔离防火墙。如平安保险,利用大数据技术来提升客户体验度和核保效率。

7.4 大数据在通信领域的应用

大数据在通信领域的应用,如中国电信大数据开放平台,以电信大数据和现有成熟接口产品为基础,横向开放,打造共赢生态,全面整合电信内部数据和各类外部数据,深度挖掘大数据在各行业的应用,可满足合作伙伴多样化的产品开发需求。产品合作伙伴基于开放平台提供的数据和资源开发大数据产品,中国电信为产品合作伙伴提供数据、平台和网络资源支持,以及产品研发、测试、发布、销售等产品生命周期的支撑服务。

中国联通云数据能力开放平台,实现了全网全域的多源异构数据集成,由统一的大数据平台进行存储、加工,并且形成大数据能力及结果数据的开放化运营。对内面向各地开放上百个系统账号,实现全国 1.2 万个生产任务调度,支撑了北京、湖北、福建以及吉林等省市的数据生产建设,实现了联通总部与省市数据、资源、应用的完美融合。

中国移动"大云"大数据管理平台依托"大云"大数据核心套件、管理、监控子系统和开发能力子系统基础,提供端到端大数据处理能力的大数据平台型产品,旨在面向移动内外提供专业化 DaaS、PaaS 及 SaaS 服务,平台集数据采集、存储和处理、能力和应用以及运维和运营管理等功能于一体,打造大数据能力开放、共享、合作平台,推动大数据+行业应用。

7.5 大数据应用的未来发展趋势

大数据时代,大数据应用已经进入一个新的阶段,在该阶段,大数据将广泛地融合到经济生产与社会管理的各个环节中,大数据融合创新将成为大数据应用的重要方向,大数据应用发展对标准评价体系、安全保护、技术和人才等各个方面提出了更高的要求。大数据应用持续发展的重要基础是完善的大数据标准,大数据标准起到规范和引导作用。目前,国际上从事大数据中的数据标准体系研究和大数据关键技术以及参考模型的研究的主要有 ISO、IEC、JTC1、SC32 等,此外,美国国家标准与技术研究院(NIST)还提出了大数据互操作性框架,提供不同厂家技术标准接口的大数据参考框架。国内方面,大数据标准主要是由国家标准、地方标准、行业标准和安全标准等组成,全国信息技术标准化技术委员会负责研制国家标准,该委员会了大数据标准框架的研究,并发布了多项国家标准。

大数据应用持续发展的重要条件是健全的评价体系,大数据发展评价体系是衡量大数据发展水平的重要工具。大数据应用持续发展的重要保障是数据安全保护,大数据应用持续发展的有效支撑是技术多样性,大数据应用覆盖范围广,对数据处理的要求较高,需要更多性能卓越的专业技术。

练 习 题

一、填空题

(1) 大数据主要应用在_____、_____、_____、_____、_____、城市管理、_____、_____、_____、_____以及物流等多个领域。

(2) 智能推荐系统的本质是_____。根据推荐算法的不同,推荐方法主要包括专家推荐、_____、_____、协同过滤推荐和混合推荐等。

二、选择题

(1) 智能推荐系统一般包括的部分为( )。
    A. 用户建模模块   B. 智能推荐对象建模模块
    C. 推荐算法模块   D. 智能模块

(2) 大数据在金融领域的应用有( )。
    A. 银行   B. 证券   C. 保险   D. 投资

三、简答题

简要地介绍一下大数据应用未来的发展趋势。

第 8 章　大数据的发展与展望

本章要点：

- 大数据与云计算
- 大数据与人工智能
- 大数据与区块链
- 大数据安全与隐私保护技术发展前景
- 大数据未来展望

大数据是一个以数据为核心的产业，是一个围绕大数据生命周期不断循环往复的生产过程，同时也是由多种行业分工和协同配合而产生的一个复合性极高的行业，是近几年来一直非常火的一个名词。随着大数据时代的来临，数据已经成为一种新的战略资源，对社会多个领域产生了深远的影响，引起了学术界、产业界和政府的高度关注，部分国家已将大数据上升为国家战略并加以重点推进。要实现大数据时代思维方式的转变，就需要正确认识数据的价值，要用数据来说话，用数据来决策，用数据来管理，用数据来创新。当前，拥有海量数据的谷歌、亚马逊等公司，每个季度的利润总和高达数十亿美元，并且仍在快速增长，这些都是数据价值的最好佐证。

8.1　大数据与云计算

大数据是云计算的延伸，云计算是大数据处理的基础，是大数据的 IT 基础和平台。大数据技术的核心是数据分析，数据分析在数据处理过程中占据比较重要的位置，是从海量数据中提取信息的过程，以机器学习算法为基础，通过模拟人类的学习行为，获取新的知识或技能，不断改善分析的过程。大数据需要特殊的技术，以有效地处理在允许时间范围内的海量数据。大数据技术架构层次可分为 4 层，分别为数据集成层、数据计算层、数据应用层以及数据访问层。数据集成层是大数据的数据来源，数据来源按照其数据结构有结构化数据、半结构化数据和非结构化数据；数据计算层是大数据处理的核心，数据通过计算层处理后，传输到数据应用层；数据应用层在数据应用过程中，将已处理过的数据做进一步处理；数据访问层在大数据技术架构最上部，用户可以通过它实现与数据的可视化交互，同时为了充分利用和调用资源，在数据集成层和数据计算层的数据流处理过程中，对其资源调用进行管理及监控。

大数据技术可分为整体技术和关键技术两个方面。整体技术主要包括数据采集、大数据存取、基础架构、数据处理、统计分析、数据挖掘、模型预测以及结果呈现等；关键技术主要包括大数据采集技术、大数据预处理技术、大数据存储及管理技术、大数据安全技术、大数据分析及挖掘技术、大数据展现与应用技术等。大数据采集及预处理常用的工具主要有Flume、Logstash、Kibana、Ceilometer和Zipkin等。大数据采集技术重点是要突破分布式高速可靠性数据采集和高速数据全映像等大数据收集技术；大数据预处理技术主要完成对已接收数据的辨析、抽取以及清洗等操作；大数据存储与管理技术重点解决复杂的结构化和非结构化的大数据管理与处理技术，主要解决大数据的可存储、可表示以及可处理等关键问题；大数据分析及挖掘技术改进已有数据挖掘和机器学习技术，开发数据网络挖掘和特异群组等新型数据挖掘技术，突破基于对象的数据连接和相似性连接等大数据融合技术及用户分析、网络行为分析等面向领域的大数据挖掘技术。

云计算的资源共享、高可扩展性、服务特性可以用来搭建大数据平台，进行数据管理和运营，云计算架构及服务模式为大数据提供基础的信息存储、分享解决方案，是大数据挖掘及知识生产的基础。现有大数据平台广泛地使用云计算架构及云计算服务，如使用Hadoop存储和处理PB级别的半结构化和非结构化的数据，使用MapReduce将大数据问题分解成多个子问题，然后将子问题分配到成百上千个处理节点上，最后再将结果汇聚到一个小数据集当中，从而较容易获得最后的结果。

8.1.1 云计算的概念

云计算(cloud computing)的概念最早是由谷歌公司提出的。2006年，谷歌高级工程师克里斯托夫·比希利亚第一次向谷歌董事长兼CEO埃里克·施密特提出云计算的想法，在埃里克·施密特的支持下，谷歌推出了"Google101计划"，其目的是让高校学生参与云的开发，将为学生、研究人员和企业家提供Google式无限的计算处理能力。2006年8月9日，谷歌董事长兼CEO埃里克·施密特在搜索引擎大会(SES San Jose 2006)首次提出"云计算"的概念。云计算是分布式计算、集群计算、网格计算、并行计算和效用计算等传统计算机与网络技术融合而形成的一种商业计算模型。

当前，云计算还未形成一个统一的定义，其中，维基百科、微软、谷歌、互联网数据中心、美国国家标准与技术实验室等都给出了不同的定义。

维基百科：云计算是一种动态扩展的计算模式，通过计算机网络将虚拟化的资源作为服务提供给用户，云计算通常包含基础设施即服务(infrastructure as a service，IaaS)、平台即服务(platform as a service，PaaS)、软件即服务(software as a service，SaaS)。

微软：云计算是"云＋端"的计算，将计算资源分散分布，部分资源放在云上，部分资源放在用户终端，部分资源放在合作伙伴处，最终由用户选择合理的计算资源。

谷歌：将所有的计算和应用放置在"云"中，终端设备不需要安装任何软件，通过互联网来分享程序和服务。

互联网数据中心(international data corporation，IDC)：云计算是一种新型的IT技术发展、部署及发布模式，能够通过互联网实时提供产品、服务和解决方案。

美国国家标准与技术实验室(national institute of standards and technology，NIST)：云计算是一种无处不在的、便捷的、通过互联网访问的一个可定制的IT资源(IT资源包括网络、服务器、存储、应用软件和服务)共享池，是一种按使用量付费的模式。它能够通过最少量的管理或与服务供应商的互动实现计算资源的迅速供给和释放。

中国对于云计算的定义方面,2012 年 3 月,在国务院政府工作报告中,将云计算作为国家战略性新兴产业,给出了云计算的定义:云计算是基于互联网的服务的增加、使用和交付模式,通常涉及通过互联网来提供动态、易扩展且经常是虚拟化的资源。云计算是传统计算机和网络技术发展融合的产物,它意味着计算能力也可作为一种商品通过互联网进行流通。

综上所述,云计算可以表述为:云计算是基于互联网的相关服务的增加、使用和支付模式,通常涉及通过互联网来提供动态易扩展且常为虚拟化的资源,是并行计算、分布式计算和网格计算等的融合和发展,也是虚拟化、效用计算、面向服务架构等概念混合演进后商业实现的结果。

8.1.2　云计算的特点

云计算具有大规模并行计算能力,可靠性强,数据量巨大且增速迅猛,按需提供资源服务,可用性高等特点。

(1) 具有大规模并行计算能力。基于云端的强大而廉价的计算能力,为大粒度应用提供传统计算系统或用户终端所无法完成的计算服务。云计算系统的计算资源包括:CPU 运算资源、存储资源和网络带宽等。一般企业私有云有成百上千台服务器,有的多达上百万台服务器。

(2) 可靠性强。云计算技术主要是通过冗余方式进行数据处理服务,在大量计算机机组存在的情况下,系统中所出现的错误会越来越多,而通过采取冗余方式则能够降低错误出现的概率,同时保证了数据的可靠性。

(3) 数据量巨大且增速迅猛。在云计算的环境下,用户既是信息的使用者,同时也是信息的创造者,导致互联网上的信息量增速迅猛,需要利用 Hadoop 等来对海量数据进行处理。

(4) 按需提供资源服务。用户在服务选择上将具有更大的空间,通过缴纳不同的费用来获取不同层次的服务。

(5) 可用性高。云计算技术具有很高的可用性,在储存上和计算能力上,云计算技术相比以往的计算机技术具有更高的服务质量,同时在节点检测上也能做到智能检测,在排除问题的同时不会对系统造成任何影响。

8.1.3　云计算的体系结构

云计算可以按需提供弹性服务,其体系结构主要分为 3 个层次:核心服务、服务管理和用户访问接口。核心服务层主要包括基础设施即服务层、平台即服务层、软件即服务层 3 个部分,可将硬件基础设施、软件运行环境、应用程序抽象成服务。这些服务具有可靠性强、可用性高、规模可伸缩等特点,满足多样化应用需求。服务管理层主要包括服务质量保证和安全管理等,可为核心服务层提供支持,进一步确保核心服务的可靠性、可用性与安全性。用户访问接口实现了云计算服务的泛在访问,通常包括命令行、Web 服务、Web 门户等形式。命令行和 Web 服务的访问模式既可为终端设备提供应用程序开发接口,又便于多种服务的组合。Web 门户是访问接口的另一种模式,通过 Web 门户,云计算将用户的桌面应用迁移到互联网,从而使用户随时随地通过浏览器就可以访问数据和程序,提高工作效率,用户访问接口层实现了端到云的访问。

8.1.4　云计算的关键技术

云计算将计算任务分布在大量计算机构成的资源池上,使各种应用系统能够根据需要获取计算力、存储空间和各种软件服务。云计算关键技术主要有虚拟化技术、分布式海量数据存储与数据管理技术、并行编程技术等。

1. 虚拟化技术

虚拟化(virtualization)是指通过虚拟化技术将一台物理计算机虚拟为多台逻辑计算机。在一台计算机上同时运行多个逻辑计算机,每个逻辑计算机可运行不同的操作系统,并且应用程序都可以在相互独立的空间内运行而互不影响,从而显著提高计算机的工作效率。虚拟相对于真实,虚拟化就是将原本运行在真实环境中上的计算机系统或组件运行在虚拟出来的环境中,虚拟化是实现云计算最重要的技术基础。

虚拟化技术是一种调配计算资源的方法,它将应用系统的不同层面(硬件、软件、数据、网络存储等)隔离起来,从而打破服务器、存储、网络数据和应用的物理设备之间的划分,实现架构动态化,并达到集中管理和动态使用物理资源及虚拟资源,以提高系统结构的弹性和灵活性,降低成本,改进服务和减少管理风险等目标。虚拟化技术实现了物理资源的逻辑抽象表示,可以提高资源的利用率,并能够根据用户业务需求的变化,快速、灵活地进行资源部署。虚拟化技术主要分为平台虚拟化、资源虚拟化、应用程序虚拟化等多个大类。平台虚拟化主要是针对计算机和操作系统的虚拟化;资源虚拟化主要是针对特定的系统资源的虚拟化,如内存、存储、网络资源等;应用程序虚拟化主要包括仿真、模拟、解释技术等。通常所说的虚拟化主要是指平台虚拟化技术,现有的云计算平台的重要特点是利用软件来实现硬件资源的虚拟化管理、调度及应用,通过虚拟化平台,用户使用网络资源、计算资源、数据库资源、硬件资源、存储资源等,与在自己的本地计算机上使用的感觉相同,相当于在操作个人的计算机,在云计算中利用虚拟化技术可以降低维护成本和提高资源利用率。

2. 分布式海量数据存储与管理技术

云计算环境下的数据存储,通常称为海量数据存储,即大数据存储,其数据存储的基础是由数以万计的廉价存储设备所构成的庞大存储中心,这些异构的存储设备通过各自的分布式文件系统将分散的、低可靠的资源聚合为一个具有高可靠性、高可扩展性的整体,并在此基础上构建面向用户的云存储服务。分布式文件系统是云存储的核心,通常作为云计算的数据存储系统。

云计算通常采用分布式存储的方式来存储数据,采用冗余存储的方式来保证存储数据的可靠性,即为同一份数据存储多个副本。云计算系统通常要满足大量用户的需求,并行地为大量用户提供服务,因此,云计算的数据存储技术需要具备高吞吐率和高传输率的特点。云计算系统广泛使用的数据存储系统是谷歌的 GFS(Google file system)和 Hadoop 团队开发的 GFS 的开源实现 HDFS(hadoop distributed file system)。云计算的数据存储技术不仅仅只有 GFS,其他的 IT 厂商如微软等也在积极开发相应的数据管理工具。大规模数据管理技术是云计算的核心技术。云计算不仅要保证数据的存储和访问,而且还要能够对海量的数据进行特定的检索和分析,因此,数据管理技术需要能够高效的管理海量的数据。

3. 并行编程技术

并行计算(parallel computing)是指同时使用多种计算资源解决计算问题的过程,是提高计算机系统计算速度和处理能力的一种有效手段。云计算上的编程模型需要具备简单和高可用性且高效,这样,云平台上的用户才能更加便捷地获取云服务,云开发者能利用这种编程模型迅速地研发云平台上相关应用程序。并行编程模型和分布式系统能够支持网络上大规模数据处理和网格计算,其发展对云计算的推广具有极大的推动作用。

8.1.5　云计算的服务模式

云计算的服务模式主要有 3 种,分别为基础设施即服务(IaaS)、平台即服务(PaaS)、软件即服务(SaaS)。云计算的服务模式如图 8.1 所示。

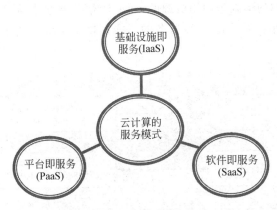

图 8.1　云计算的服务模式

1. IaaS

IaaS 中,服务提供商把计算基础(服务器、网络技术、存储和数据中心空间)作为一项服务提供给用户,它也包括提供操作系统和虚拟化技术等。IaaS 的关键技术及解决方案是虚拟化技术,使用虚拟化技术将多台服务器的应用整合到一台服务器上的多个虚拟机上运行。IaaS 提供接近于(物理机或虚拟机)的计算资源和基础设施服务。IaaS 的典型代表如 Amazon 的云计算服务等。

2. PaaS

PaaS 中,服务提供商将软件开发环境和运行环境等以开发平台的形式提供给用户。PaaS 的关键技术为分布式的并行计算和大文件分布式存储。分布式并行计算技术是为了充分利用广泛部署的普通计算资源实现大规模运算和应用的目的,实现真正将传统运算转化为并行计算,为客户提供并行服务。大文件分布式存储是为了解决海量数据存储在廉价的不可信节点集群架构上数据安全性及运行性的保证。PaaS 为开发人员提供了构建应用程序的环境,开发人员不用过多考虑底层硬件,可以方便地使用很多在构建应用时的必要服务。

3. SaaS

SaaS 中,服务提供商将应用软件提供给用户。SaaS 是一种基于互联网提供软件即服务的应用模式,即提供各种应用软件服务。用户只需要按照使用时间和使用规模付费,不需要安装相应的应用软件,打开浏览器即可运行,并且不需要额外的服务器硬件,实现软件(应用服务)按需定制。SaaS 的典型代表如阿里软件、神码在线等。

8.1.6 云计算服务体系结构

云计算系统按照资源封装的层次分为 IaaS、PaaS 和 SaaS,分别为对底层硬件资源不同级别的封装,从而实现将资源转变为服务的目的。传统的信息系统资源的使用者通常是以直接占有物理硬件资源的形式来使用资源的,而云计算系统通过 IaaS、PaaS 和 SaaS 等不同层次的封装将物理硬件资源封装后,以服务的形式提供给资源的使用者。云计算服务体系结构如图 8.2 所示。

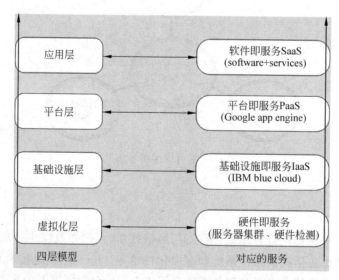

图 8.2 云计算服务体系结构

在云计算服务体系结构中,虚拟化层对应硬件即服务,结合 PaaS 提供硬件服务,主要包括服务器集群及硬件检测等服务;基础设施层对应 IaaS 基础设施即服务,如 IBM blue cloud 以及 Sun Grid 等;平台层对应 PaaS 平台即服务,如 Google app engine 等;应用层对应 SaaS 软件即服务,如 software+services 等。

8.1.7　云计算的部署模式

云计算的部署模式主要有私有云、公有云、混合云和联合云。云计算的部署模式如图 8.3 所示。

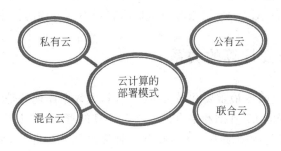

图 8.3　云计算的部署模式

1. 私有云

私有云是面向企业内部的云计算平台。使用私有云提供的云计算服务需要一定的权限，一般仅提供给企业内部员工使用，其主要目的是合理地组织企业已有的软硬件资源，提供更加可靠和弹性的服务供企业内部使用。私有云可部署在企业数据中心的防火墙内，也可以将它们部署在一个安全的主机托管场所。私有云的核心属性是专有资源，部署私有云的公司拥有基础设施，并可以控制在此基础设施上部署应用程序的方式。比较流行的私有云平台主要有 VMware vCloud Suite 和微软公司的 System Center 2016 等。

2. 公有云

公有云是面向社会大众、公共群体的云计算服务平台。公有云一般可通过互联网使用，可能是免费或成本低廉的，公有云的核心属性是共享资源服务。公有云的用户不需要自己构建硬件和软件等基础设施及后期维护，可以在任何地方、任何时间并按多种方式，以互联网的形式访问并获取资源。比较流行的公有云平台，国外的有微软云 Azure、亚马逊云 AWS、GAE(Google app engine)；国内的有阿里云、SAE(Sina app engine)、BAE(Baidu app engine)等。

3. 混合云

混合云融合了公有云和私有云，是近年来云计算的主要模式和发展方向。混合云既能利用企业在 IT 基础设施上的巨大投入，又能解决公有云带来的数据安全等问题，是避免企业变成信息孤岛的最佳解决方案。混合云突破了私有云的硬件限制，利用公有云的可扩展性，可以随时获取更高的计算能力，企业通过把非机密功能移动到公有云区域，可以降低对内部私有云的压力和需求。混合云可以有效降低成本，既可以使用公有云又可以使用私有云，企业可以将应用程序和数据放在最佳的平台上，获取很好的组合。

4. 联合云

联合云是指联合多个云计算服务提供商的云基础设施,向用户提供更加可靠和便捷的云服。如部署在云平台上的 CDN(内容分发网络)服务,系统存储的数据内容在地理上是分散的,用户也是分布在世界各地。联合云能够自动地将用户请求的数据资源迁移到距离用户比较近的云数据中心,对 CDN 的服务质量提高有着不可替代的作用。

8.1.8　大数据与云计算的关系

大数据是云计算范畴内最重要和最关键的应用,大数据体现的是结果,云计算体现的是过程,云计算是大数据的 IT 基础和平台。由于云计算的存在,使大数据的价值得以挖掘体现,云计算是大数据成长的驱动力。大数据和云计算之间相辅相成,如同一个硬币的两面。云计算代表着一种数据存储、计算能力,大数据代表着一种数据知识挑战,计算需要数据来体现其效率,数据需要计算来体现价值。云计算类型以服务类型来划分一般可分为基础设施类、平台类和应用类 3 种类型;以所有权来划分云计算系统类型,主要有公共云、私有云和混合云 3 种类型。云计算结合大数据,是时代发展的必然趋势。云计算是由分布式计算和并行计算发展而来的,大数据处理可根据需求访问计算机和存储系统,计算可能在本地计算机或远程服务器中,也可能在大量的分布式计算机上运行,分布式计算和并行计算是实现运算的技术支撑。

大数据技术是涵盖了从数据的海量存储、处理以及应用等多方面的技术,主要解决大规模的数据承载和计算等问题。大数据技术对存储和分析以及安全的需求,促进了云计算架构、云存储、云安全技术快速发展和演进,推动了云服务与云应用的落地。云计算的特点主要体现在应用层面、服务层面和技术层面 3 个方面,通过云计算,普通的用户,如企业公司、政府等社会组织不需要部署自己的机房和各种服务器,只需要向云计算服务商购买云计算资源中心提供的相应服务即可。通过云计算,云计算服务提供商可以实现集中统一掌控大量的计算资源,向用户提供弹性化的计算资源服务。

8.2　大数据与人工智能

大数据为人工智能提供了海量的数据,使得人工智能技术有了长足的发展,大数据技术为人工智能提供了强大的存储能力和计算能力。随着大数据技术的快速发展,数据处理能力、计算能力和处理速度得到了大幅提升,人工智能的价值得以体现。

8.2.1　人工智能的概念

人工智能(artificial intelligence,AI)的概念是由约翰·麦卡锡(John McCathy)于1956 年在达特茅斯会议上提出的。人工智能是指用人工的方法在机器上实现的智能,也称为机器智能。人工智能是研究智能行为的科学,它的最终目的是建立关于自然智能实体行为的理论和指导创造具有智能行为的人工制品。经过近半个世纪的发展,人工智能已经度过了简单的模拟人类智能的阶段,发展为研究人类智能活动的规律,构建具有一定智能的人工系统或硬件,以使其能够进行需要人的智力才能进行的工作,并对人类智能进行拓展的边缘学科。人工智能可分为 3 个层次,分别为弱人工智能、强人工智能和超人工智能。弱人工智能主要解决的是计算能力,遵循人工定义的严格规则,采用更多的是 AI 剪枝优化策略,利用当前的云计算平台实现大数据存储与并行计算;强人工智能主要解决的是在受限环境下的感知能力,具体表现就是传感、听与看的能力,其中包括以传感器为代表的物联网技术等;超人工智能主要解决的是在非受限环境下的认知能力,具体表现就是听得懂并能互动,主要的技术是自认语言的理解、知识图谱的构建及推理技术。

人工智能的目标是用机器实现人类的部分职能。人工智能研究的基本内容主要有知识表示、机器感知、机器思维和机器学习以及机器行为等。人工智能研究的目的是要建立一个能模拟人类智能行为的系统,知识是一切智能行为的基础,因此需要研究知识表示的方法,知识表示分为符号表示法和连接机制表示法,符号表示法是用各种包含具体含义的符号,以各种不同的方式和顺序组合起来表示知识的一类方法;连接机制表示法是用神经网络表示知识的一种方法;机器感知是使机器具有类似于人的感知能力,机器学习是研究如何使计算机具有类似于人的学习能力,使它能通过学习自动获取知识;机器行为与人的行为相对应,是指计算机的表达能力。

人工智能的技术特征表现在利用搜索、抽象、推理和学习,以及遵循有限合理性原则。人工智能是计算机科学的一个分支,它探索人类智能的本质,并生产出一种新的能以与人类智能相似的方式做出反应的智能机器。人工智能研究的主要目标是使机器能够胜任一些通常需要人类智能才能完成的复杂工作。

8.2.2　人工智能的关键技术

人工智能的关键技术主要包括计算机视觉、人机交互、自然语言处理、知识图谱、机器学习、生物特征识别、VR 与 AR 等。

1. 计算机视觉

计算机视觉是使用计算机及相关设备对生物视觉的一种模拟,其主要任务是通过对采集的图片或视频进行处理以获得相应场景的三维信息。计算机视觉是一门研究如何使机器学会看的科学,更进一步地说,计算机视觉是指利用摄影机和计算机代替人眼对目标进行识别、跟踪和测量,并进一步做图形处理,使其成为更适合人眼观察或传送给仪器检测的图像。计算机视觉研究领域已经衍生出了一大批快速成长且有实际作用的应用,如人脸识别、图像检索、游戏和控制、监测以及智能汽车等。

2. 人机交互

人机交互是一门研究系统与用户之间的交互关系的学科。系统可以是各种各样的机器,也可以是计算机化的系统和软件,人机交互界面通常是指用户可见的部分,用户通过人机交互界面与系统进行交流和操作。人机交互技术领域热点技术的应用潜力已经开始展现，如智能手机配备的地理空间跟踪技术，应用于可穿戴式计算机、隐身技术、浸入式游戏等的动作识别技术，应用于虚拟现实、遥控机器人及远程医疗等的触觉交互技术，应用于呼叫路由、家庭自动化及语音拨号等场合的语音识别技术，对于有言语障碍人士的无声语音识别，应用于广告、网站、产品目录、杂志效用测试的眼动跟踪技术，针对有语言和行动障碍人开发的"意念轮椅"采用的基于脑电波的人机界面技术等。

3. 自然语言处理

自然语言处理是一门融计算机科学、语言学和数学于一体的科学，是计算机科学领域与人工智能领域中的一个重要方向。它研究能使人与计算机之间用自然语言进行有效沟通的各种理论和方法。自然语言处理的应用领域比较广泛，主要有机器翻译、语音识别、情感分析、问答系统、聊天机器人、字符识别等。

4. 知识图谱

知识图谱又称为科学知识图谱，在图书情报界称为知识域可视化或知识域映射地图，是显示知识发展进程与结构关系的一系列各种不同的图形。知识图谱是通过将图形学、应用数学、信息可视化技术信息科学等学科理论、方法及共性分析等方法结合，并利用可视化的图谱形象地展示学科的核心结构、发展历史、前沿领域以及整体知识架构达到多学科融合目的的现代理论。知识图谱可将复杂的知识领域通过数据挖掘、信息处理、知识计量和图形绘制而显示出来，揭示知识领域的动态发展规律，为学科研究提供切实的和有价值的参考。

5. 机器学习

机器学习是一门多领域的交叉学科，主要涉及统计学、系统辨识、逼近理论、神经网络、优化理论、计算机科学、脑科学等多门学科，研究计算机怎样模拟或实现人类的学习行为，以获取新的知识或技能。机器学习的本质是样本空间的搜索和模型的泛化能力。机器学习是人工智能的核心技术，主要是指让机器模拟人类的学习过程；来获取新的知识或技能，并通过自身的学习完成指定的工作或任务，目标是让机器能像人一样具有学习能力。

根据机器学习算法的学习方式，机器学习分为有监督学习、无监督学习和半监督学习。有监督学习是利用一组已知类别的样本调整分类器的参数，使其达到所要求性能的学习过程；无监督学习是对无标号样本的学习，以发现训练样本集中的结构性知识的学习过程，也成为无老师的学习；半监督学习是有监督学习和无监督学习相结合的学习，是利用有类标号的数据和无类标号的数据进行学习的过程。根据算法的功能和形式，可把机器学习算法分为决策树学习、增量学习、强化学习、回归学习、关联规则学习、进化学习、神经网络学习、主动学习以及集成学习等。机器学习常用的工具有 WEKA、Python 语言、R 语言和深度学习框架等。在有监督学习任务中，若预测变量为离散变量，则其为分类问题；而预测变量为连续变量时，则称其为回归问题。回归分析是一种用于确定两种或两种以上变量间的相互依赖关系的统计分析方法。回归分析的基本步骤：①分析预测目标，确定自变量和因变量；②建立合适的回归预测模型；③相关性分析；④检验回归预测模型，计算预测的误差；⑤计算并确定预测值。按照问题所涉及变量的多少，可将回归分析分为一元回归分析和多元回归分析；按照自变量与因变量之间是否存在线性关系，回归分析分为线性回归分析和非线性回归分析。

机器学习的常用评价指标有准确率、召回率、ROC 曲线以及交叉验证等,准确率是指在样本分类时,被正确分类的样本数与样本总数之比;与准确率对应的是错误率,错误率是错分样本数与总样本数之比。召回率主要是指分类正确的正样本个数占所有的正样本个数的比例,表示的是数据集中的正样本有多少被预测正确。ROC(receiver operating characteristic)曲线是分类器的一种性能指标,可以实现不同分类器性能比较。不同的分类器比较时,画出每个分类器的 ROC 曲线,将曲线下方面积作为判断模型好坏的指标。交叉验证的基本思想是将数据分成训练集和测试集,在训练集上训练模型,然后利用测试集模拟实际的数据,对训练模型进行调整或评价,最后选择在验证数据上表现最好的模型。当前,机器学习平台主要有亚马逊的 Amazon Machine Learning、谷歌开发的 TensorFlow、Azure Machine Learning、AMLS、H2O、Caffe 和 MLlib 以及 Torch 等。亚马逊的 Amazon Machine Learning 主要是利用先进的算法和公式创建机器学习模型,提供现有的数据中的模式。谷歌开发的 TensorFlow 是一个开源软件库,主要是利用数据流图的数值计算。AMLS 是一个服务框架。H2O 是当前比较流行的开源深度学习平台。Caffe 支持广泛的代码使用,Caffe 可帮助学术研究项目,启动原型、语音和视觉以及多媒体等大型工业应用。MLlib 是 Apache Spark 的机器学习库,一般包含常见的学习算法和应用程序。Torch 是一种应用广泛的开源机器学习开发框架。机器学习与统计学习、数据挖掘、计算机视觉、大数据以及人工智能等学科有着紧密的关系,机器学习已成为当前人工智能领域研究的核心。

6. 生物特征识别

大数据背景下,基于深度学习技术,以语音识别、人脸识别为主的生物特征识别技术取得了突飞猛进的发展,掀起了新一轮的身份认证革命。如 Facebook 在 2015 年 11 月宣布 Facebook Messenger 应用新增了一项人工智能功能,可以从上传到该服务器的照片中识别出用户的好友。国内方面,如 2015 年 5 月,我国自主研发的首台人脸识别 ATM 机通过验收,它将与银行、公安等系统联网,持卡人只能从自己的银行卡取款,他人银行卡,即使知道也无法取钱。生物特征分为身体特征和行为特征两类,身体特征如人脸、指纹、视网膜、人体气味等;行为特征如签名、语音、行走步态等。

生物特征识别技术主要是指通过可测量的身体或行为等生物特征进行身份认证的一种技术。生物特征识别技术的特点主要有:唯一性、安全性、随身性、稳定性、广泛性、方便性、可采集性和可接受性。其中,唯一性主要是指每个人拥有的生物特征独一无二;安全性主要是指人体特征本身就是个人身份的最好证明;随身性主要是指生物特征是人体固有的特征,与人体是唯一绑定的;稳定性主要是指生物特征,如指静脉、虹膜等不会随时间等条件的变化而变化;广泛性是指每个人都具有人体特征;方便性是指生物特征识别技术不需要记忆密码与携带使用特殊工具,不会遗失;可采集性是指选择的生物特征易于测量;可接受性是指使用者对所选择的个人生物特征及其应用愿意接受。当前,生物特征识别作为重要的智能化身份认证技术,已经在多个领域得到广泛应用,如医疗、公共安全、教育和金融以及交通等。

7. VR 与 AR

虚拟现实(virtual reality,VR)是利用计算机生成的一种模拟环境,通过多种传感设备使用户投入到该环境中,实现用户与环境直接进行自然交互的技术。虚拟现实是人类利用知觉能力和操作能力的新方法。它是一种高逼真度地模拟人在自然环境中视觉、听觉、动感等行为的人机界面技术。因此,这是一种新的不同于以往的人机界面形式,这种模拟给用户提供了一种身临其境的体验,通过视觉、听觉、动感等多感通道,进行人机交互,为用户提供最佳的人机通信方式。虚拟现实技术的基本思想是利用现代科技的手段,人为制造一个虚拟的空间,人们能够在这个空间中实现看、听、移动等交互活动,就像在真的环境一样。虚拟现实技术应用领域广泛,主要应用于医疗、教育、设计、影视、航空航天等。

增强现实(augmented reality,AR)技术是一种将虚拟信息与真实世界巧妙融合的技术,广泛应用了多媒体、三维建模、实时跟踪、注册、智能交互、传感等多种技术手段,将计算机生成的文字、图像、三维模型、音乐、视频等虚拟信息模拟仿真后,应用到真实世界中。虚拟信息和现实中的信息互为补充,从而实现对真实世界的增强。增强现实技术主要应用于健康医疗、教育展示导览以及工业设计交互领域。

8.2.3　人工智能的应用

人工智能的应用比较广泛,其主要体现在智能控制、自动程序设计、智能仿真、智能通信与智能化网络、智能决策、智能管理、模式识别、数据挖掘与数据库中的知识发现、智能人机接口、计算机辅助创新等多个领域。

1. 智能控制

智能控制就是把人工智能技术引入控制领域,建立智能控制系统。智能控制是同时具有知识表示的非数学广义世界模型和传统数学模型混合表示的控制过程,也往往是含有复杂性、不完全性、模糊性、不确定性以及不存在已知算法的过程,并以知识进行推理,以启发来引导求解过程。智能控制的核心在高层控制,即组织级控制,其任务在于实际环境或过程进行组织,即决策与规划,以实现广义问题求解。

2. 自动程序设计

自动程序设计是指将自然语言描述的程序自动转换成可执行程序的技术。自动程序设计主要包括程序综合与程序正确性验证两个方面的内容。其中,程序综合用于实现自动编程;程序正确性验证是要研究出一套理论和方法,通过运用这套理论和方法,就可以证明程序的正确性。

3. 智能仿真

智能仿真(intelligent simulation)就是将人工智能技术引入仿真领域,建立智能仿真系统。仿真是对动态模型的实验,即行为产生器在规定的实验条件下驱动模型,从而产生模型行为。智能仿真主要包括人工智能的仿真研究、智能通信仿真、智能计算机的仿真研究、智能控制系统仿真、数据挖掘和知识发现、智能体、认知和模式识别等。利用人工智能技术能对整个仿真过程进行指导,能够改善仿真模型的描述能力,在仿真模型中引进知识表示将为研究面向目标的建模语言打下基础,提高仿真工具面向用户、面向问题的能力。

4. 智能通信与智能化网络

智能通信与智能化网络就是将人工智能技术引入通信和网络领域,建立智能通信和智能化网络系统,其实质上就是在通信和网络系统的各个层次上实现智能化。如在网络的构建、网管与网控、转接、信息传输与转换、网上信息的搜集与检索等环节实现智能化,从而使网络的构建更加方便、快捷、经济,使网络运行在最佳状态,使呆板的网络变成活化的网络,使其具有自适应、自组织、自学习、自修复等功能,从而提供更为安全、高效的各种信息服务。

5. 智能决策

智能决策就是把人工智能技术引入决策过程,建立智能决策支持系统。智能决策支持系统是在 20 世纪 80 年代初提出来的,它是决策支持系统与人工智能,特别是专家系统相结合的产物。智能决策支持系统是在传统决策支持系统的基础上发展起来的,由传统决策支持系统再加上相应的智能部件就构成了智能决策支持系统。

6. 智能管理

智能管理是现代管理科学技术发展的新动向,智能管理是人工智能与管理科学、系统工程、计算机技术及通信技术等多学科相互结合、相互渗透而产生的一门新学科。智能管理主要是研究如何提高计算机管理系统的智能水平,以及智能管理系统的设计理论和方法与实现技术。智能管理就是把人工智能技术引入管理领域,建立智能管理系统。智能管理系统是在管理信息系统、办公自动化系统、决策支持系统的功能集成和技术集成的基础上,应用专家系统、知识工程、模式识别、人工神经网络等方法和技术,进行智能化、集成化、协调化,设计和实现的新一代计算机管理系统。

7. 模式识别

模式识别(pattern recognition)是一门研究对象描述和分类方法的学科,分析和识别的模式可以是信号、图像或者普通数据。模式是对一个物体或者某些其他感兴趣实体定量的或者结构的描述。广义地讲,一切可以观察其存在的事物形式都可称为模式,如图形、景物、语言、波形、文字等。识别是指人类所具有的基本智能,它是一种复杂的生理活动和心理过程。模式识别的狭义研究目标是指为计算机配置各种感觉器官,使之能直接接受外界的各种信息。模式识别的广义研究目标是指应用电子计算机及外部设备对某些复杂事物进行鉴别和分类。模式识别目前主要应用在图形识别、图像识别、语音识别以及机器人视觉等多个领域。

8. 数据挖掘与数据库中的知识发现

数据挖掘与数据库中的知识发现是当前人工智能的一个研究热点。数据挖掘的目的是从数据库中找出有意义的模式,这些模式可以是一组规则、聚类、决策树、依赖网络或以其他方式表示的知识。知识发现是从数据库中发现知识的全过程,知识发现系统通过各种学习方法,自动处理数据库中大量的原始数据,提炼出具有必然性的和有意义的知识,从而揭示出蕴含在这些数据背后的内在联系和本质规律,实现知识的自动获取。数据挖掘与数据库中的知识发现已成为人工智能应用的一个热门研究方向,其涉及范围较广,如企业数据、商业数据、科学实验数据、管理决策数据、Web 数据等的挖掘和发现。

9. 智能人机接口

智能人机接口就是智能化的人机交互界面,也就是将人工智能技术应用于计算机与人的交互过程,使人机界面更加灵性化、拟人化和个性化。智能人机接口是当前计算机、网络和人工智能等学科共同关注的研究课题,主要涉及机器感知,尤其是图像识别与理解、自然语言处理等诸多 AI 技术,此外,也还涉及多媒体和虚拟现实等技术。

10. 计算机辅助创新

计算机辅助创新是以发明问题解决理论为基础,结合本体论、现代设计方法学、计算机技术而形成的一种用于技术创新的新技术手段。近年来,计算机辅助创新在欧美国家迅速发展,已成为新产品开发中的一项关键技术。在国内,已有学者研制出基于知识发现的计算机辅助创新智能系统,该系统是一个以创新工程与价值工程为理论基础,以知识发现为技术手段,以专家求解问题的认知过程为主线,以人机交互为贯穿的多层递阶、综合集成的计算机辅助创新智能系统。

8.2.4 大数据与人工智能的关系

大数据需要人工智能技术进行数据价值化操作,人工智能是一种计算形式,需要海量的数据作为决策的基础。大数据的主要目的是通过数据的对比分析来掌握和推演出更优的方案。人工智能领域蕴藏了大量的数据,利用传统的数据处理技术难以满足高强度和高频次的处理需求,AI 芯片的出现,大幅提升了大规模处理大数据的效率。人工智能需要数据来建立其智能,特别是机器学习。利用大数据来推动的人工智能技术可以模拟人的思维过程和智能行为,实现计算机的更高层次应用。

人工智能的核心是算法和数据。算法作为数据产生的机器,同时需要大数据提供支持。人工智能的算法又能产生数据,为大数据提供新的数据资产。人工智能算法抓取大量数据进行分析处理后得到运用价值的数据。人工智能与数据的关联性密不可分,优质的数据是实现人工智能算法训练的重要材料。人工智能推进大数据应用的深化,如在健康领域,大数据与人工智能技术相结合,能够提供医疗影像分析和辅助诊疗、医疗机器人以及更加智能的医疗服务。大数据与人工智能相结合,具备对数据的理解、分析、发现和决策能力,从而能从数据中获取更加准确和更深层次的知识,挖掘数据背后的价值,催生出新业态和新模式。

8.3　大数据与区块链

　　大数据的价值体现在对大规模数据集合的智能处理并获取有用信息,大数据技术可实现将隐藏于海量数据中的有用信息挖掘出来,为用户提供参考和使用。区块链是一种由各种技术和通信协议组成的全新的互联网底层软件基础架构。区块链是一种客观公允的数据记录及授信方式,作为新兴数字技术的一种,能够借助算法上共识机制,实现不同节点相互之间的数据信息共享,建立各不同节点之间的信任,以此获得相应的权益。通过建立价值互联网络助推社会化的大数据互联互通,进而更好地解决数据开放、共享和流通中的问题。区块链作为新一代互联网基础性技术,将会通过与大数据的结合以及互联网的应用逐渐传导至社会经济生活的各个环节,带来众多领域的模式创新,甚至会颠覆和重塑很多现有的商业模式、行业运行和治理体系,其目前的发展已经引起了世界范围内的广泛关注。借助区块链分布式账本的技术特征以及加密共享的技术特性,既可以解决大数据发展中的难点,又可以推动大数据的流通。

1. 区块链概述

　　区块链是一种不可篡改的、全历史记录的分布式数据库存储技术,巨大的区块链数据集合包含了每一笔交易的全部历史。随着区块链技术的迅速发展,数据规模会越来越大,不同业务场景的区块链数据融合会进一步扩大数据规模和丰富性。区块链以其可信任性、安全性以及不可篡改性让更多的数据被释放出来,推进了数据的海量增长,区块链的可追溯性使得数据的质量获得前所未有的强信任。通过区块链脱敏的数据交易流通,则有利于突破信息孤岛,并逐步形成全球化的数据交易。区块链提供的是账本的完整性,数据统计分析的能力较弱,大数据则具备海量数据存储技术和灵活高效的分析技术,极大地提升了区块链数据的价值。

　　区块链具有去中心化、集体维护、去信任、高度透明、匿名等特点。去中心化是指整个网络没有中心化的硬件或机构,任意节点间的权利和义务是均等的。集体维护是指系统中的数据块由整个系统中所有节点共同维护,每个节点分享权利和义务。高度透明是指开源的程序,保证了账簿和商业规则可被所有人审查。去信任是指从技术保证交易的进行,在没有第三方机构的情况下没有信任与否这件事。匿名是指由于区块链的技术解决了信任问题,因此交易双方没有必要了解对方,交易在匿名下进行。区块链的技术特点如图 8.4 所示。

2. 大数据与区块链关系

　　大数据与区块链具有较为明显的差异,首先大数据通常用来描述数据集足够大、足够复杂,以至于很难用传统的方式处理,而区块链所能承载的信息数据是有限的,离大数据标准相差较远。大数据需要处理的更多是非结构化数据,而区块链是结构定义严谨的块,通过指针组成链,是典型的结构化数据。大数据强调的是个性化,而区块链是匿名的。大数据试图用数据来说话;而区块链试图用数学说话,主张"代码即法律"。大数据是对数据的深度分析和挖掘,是一种间接的数据;区块链系统本身是一个数据库。大数据着重于整合分析;而区块链系统为保证安全性,所承载的信息是相对独立的。

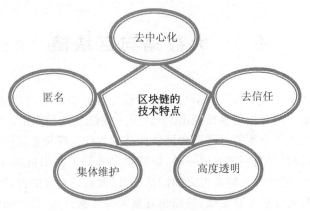

图 8.4　区块链的技术特点

区块链技术可以充分改善大数据行业多个环节的诸多要素,不但赋予了大数据真实可靠的权属认定和方便的转移交换方式,而且确保了数据的高质量,为数据安全和隐私保护提供了完善的解决方案。区块链技术为数据的共享交易提供了坚实的基础,大数据可以在区块链网络上便捷地交易,充分实现了数据的价值,并由此在经济规律的支配下实现远比现在更优化的社会配置和高效利用。利用区块链的智能合约,可能实现更小粒度的数据交易模式,如条目交易、后付款的信用交易、充值交易、授权场景交易、数据交换交易等,从而改变当前大数据交易的商业模式。

在大数据的系统上使用区块链技术,可以使数据不能被随意添加、修改和删除。随着数字经济时代的大数据能够处理越来越多的现实预测任务,区块链技术能够帮助人们把这些预测落实为行动,通过把区块链技术与大数据相连接,大数据将会在“反应—预测”模式的基础上更进一步,能够通过智能合约及未来的 DAO(data access object)等自动运行大量的任务,那时将会释放大量的人类生产力,让这些生产力被去中心化的全球分布式计算系统代替。

大数据行业发展到今天,取得了令人振奋的成果,但也面临着数据流通相对不足的巨大挑战,区块链以其可追溯性、安全性、不可篡改性,在数据流通的环节上起到明显改善的作用,有利于降低信息摩擦,突破信息孤岛,让更多数据被释放出来。区块链保障并促进了数据的流通,而流通带来了大数据困局的破解,将逐步推动形成社会化的数据流通网络。同时,区块链还能促进更平等和自由的数据流动,所产生的基于共识的数据具有更致密的价值属性。区块链技术由于在权属确定、数据安全、交易灵活性等方面的优势,因而对数据价值的展示和实现有明显的帮助,区块链和大数据的结合,可以为未来社会的价值互联做出巨大的贡献。

8.4　大数据安全与隐私保护技术发展前景

大数据普遍存在巨大的数据安全需求。经典的数据安全需求主要包括数据机密性、完整性和可用性等,其目的是防止数据在数据传输、存储等环节中被泄露或破坏。通常实现信息系统安全需要结合攻击路径分析,系统脆弱性分析以及资产价值分析等,全面评估系统面临的安全威胁的严重程度,并制定对应的保护、响应策略,使系统达到物理安全、网络安全、主机安全、应用安全和数据安全等各项安全要求。由于有相当一部分大数据是源自人的,所以除安全需求外,大数据普遍还存在隐私保护需求。不同的安全需求与隐私保护需求一般需要相应的技术手段支撑,如针对数据采集阶段的隐私保护需求,可以采用隐私保护技术,对用户数据做本地化或随机化处理。针对数据传输阶段的安全需求,可以采用密码技术来实现。而对于包含用户隐私信息的大数据,则既需要采用数据加密、密文检索等安全技术实现其安全存储,又需要在对外发布前采用匿名化技术进行处理。

1. 大数据安全技术

大数据安全技术中的主要关键技术为大数据访问控制、安全检索、安全计算。大数据访问控制方面主要包括基于密码学的访问控制、角色挖掘、风险自适应访问控制等;安全检索主要包括 PIR 系列与 ORAM、对称可搜索加密、非对称可搜索加密、密文区间检索等;安全计算的目的是在复杂、恶劣的环境下以安全方式计算出正确结果,主要包括同态加密、可验证计算、安全多方计算、函数加密、外包计算等,其中,同态加密技术既可处理加密数据,又可维持数据的机密性。可验证计算是实现外包计算的完整性即正确性的最可靠技术,它通过使用密码学工具,确保外包计算的完整性,而无须对服务器失败率或失败的相关性做任何假设。安全多方计算的目的是使得多个参与方能够以一种安全的方式正确实行分布式计算任务,每个参与方除了自己的输入和输出以及由其可以推出的信息外,得不到任何额外信息。函数加密时属性加密的一般化,外包计算允许计算资源受限的用户端将计算复杂性较高的计算外包给远端的半可信或恶意服务器完成。

1) 数据信息的加密与认证

数据信息安全是一个大的概念,数据信息安全体系一般由技术体系、组织体系和管理体系三个部分组成,数据信息的安全技术主要是通过数据信息的加密与认证来实现,加密技术能为数据信息提供机密性;加密算法是对消息的一种编码规则,该规则的编码和译码主要依赖于被称为密钥的参数。加密算法一般可分为传统密码和公钥密码两大类。Hash 函数一般主要用于信息认证和信息完整性检测。为了保证信息 m 的完整性,及时发现信息 m 是否被非法篡改,可以在信息传输之前先对信息 m 用 Hash 函数变换得 h(m),然后再将信息 [m,h(m)] 传输给对方。

数据信息安全是当前研究的热点问题,数据信息一般有物理安全、网络安全、应用安全和数据安全等多个方面,物理安全主要有机房管理、设备管理、门禁管理等多种手段;网络安全主要手段是防病毒、防火墙等手段;应用层次安全主要手段是身份验证、入侵防护、流量控制、VPV、内网安全等,数据安全层次主要手段是数据防漏和数据防抵赖等。数据信息安全结构如图 8.5 所示。

数据信息可视化是指通过交互式视觉呈现的形式来帮助用户探索和洞悉复杂数据的价值信息。可视化后的信息安全问题一直以来被许多专家和学者广泛关注,因大数据环境下数据海量化,海量的数据中还会隐含个人的隐私信息,因此,数据信息安全风险一直存在着,数据信息安全受多方面因素的影响,如基础设施部分。基础设施部分是实现数据互联的基础,且该部分易受自然环境的影响,此外,还有数据分析与处理、数据管理、技术漏洞、数据可信度、现有法律法规、行业内自律性、个人隐私意识和黑客攻击等多个方面。数据信息安全风险结构如图 8.6 所示。

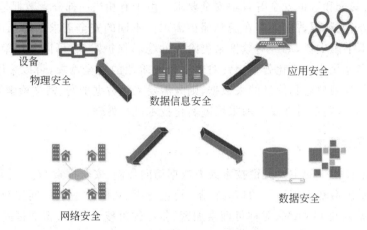

图 8.5　数据信息安全结构

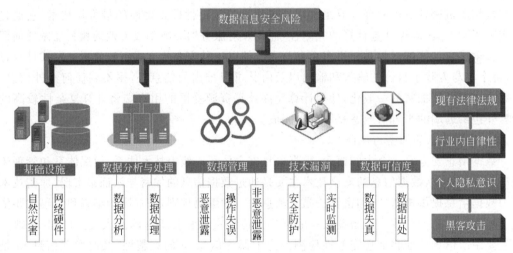

图 8.6　数据信息安全风险结构

2）大数据信息的加密与认证

大数据信息安全是信息安全领域研究的热点问题，大数据信息安全保护与传统数据安全保护相比变得更为复杂。大数据由于数据量巨大，蕴含着大量的私人信息，个人隐私的各种行为细节均包含在其中，数据泄漏风险明显增加，在当前面临着诸多威胁，其中，数据信息泄露、数据信息非法窃取利用、拒绝数据服务和数据信息完整性侵害是当前最典型的安全威胁。大数据给数据的完整性、可用性和保密性带来了诸多的挑战，利用传统的工具来进行保护已经不能奏效。大数据的特征为黑客进行非法窃听提供了更多的机会，同时，管理员的疏忽也会造成数据信息泄露，此外，黑客对大数据发起网络攻击，并进行病毒植入也是会对数据的完整性及安全性造成很大威胁。大数据信息安全威胁如图 8.7 所示。

（1）加密技术

利用密码技术对数据信息进行加密是保证信息安全最常用的手段。加密技术一般可分为公共密钥、私用密钥、数字摘要等，公共密钥和私用密钥主要是由 Rivest、Shamir、Adlernan 三个人共同研究发明的，该加密方法也可以称为 RSA 编码法，主要是利用两个很

图 8.7　大数据信息安全威胁

大的质数相乘所产生的乘积来加密；数字摘要加密方法也可以称为 Hash 编码法，该加密方法主要是由 Ron Rivest 设计的。大数据信息加密技术国内外已取得了初步成果。国外方面，如 Shannon 对信息保密问题的诠释，Shamir 提出的身份加密的概念等。国内方面，如张强教授提出建立的基于图像的 DNA 编码和运算理论，多种基于 DNA 的图像加密算法；宋怀明等提出的一种大规模数据密集型系统中的去查询优化算法，针对 Shared-nothing 结构的大规模数据密集型系统的查询，提出了一种有效的数据分布策略和并行处理方法；韩希先等提出的一种新的大数据上的 top-k 查询算法 TKEP 等。目前主要集中在基于现代密码体制的大数据加密技术、基于生物工程的大数据加密技术、基于属性基的大数据加密技术、基于并行计算的大数据加密技术等方面的研究。

　　大数据信息加密相比传统数据加密要复杂很多，大数据加密对于存储资源和计算资源要求较高，对于大数据加密处理，一般有数据采样和分而治之的两种方式。数据采样的方式主要是搜集相关的关键信息数据域，将数据规模变小，使数据处理的速度加快；分而治之的方式主要是利用分布式计算技术，对大数据信息在分布不同的计算机进行加密处理，以提高加密处理的速度。大数据可视化数据信息加密的作用是防止有用或私用化可视化数据信息被盗取，保证经过可视化后的数据信息的安全。大数据信息加密模型如图 8.8 所示。

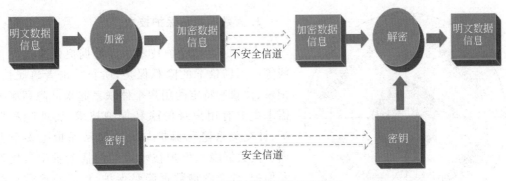

图 8.8　大数据信息加密系统模型

　　大数据信息加密系统可表示为一个五元组，即<P,C,K,E,D>，其中，P 表示交互数据集合；C 表示加密数据集合；K 表示密钥集合；E 表示加密函数，主要是利用设计的加密函数

E 和密钥 k(k∈K)对交互数据 p(p∈P)进行加密,得加密数据 c(c∈C),即"E:P×K→C"可表示为 Ek(P)=C;D 表示解密函数,即利用设计的解密函数 D 和密钥 k(k∈K)对加密数据 c 进行解密,得解密数据 p,即"D:C×K→P"简单表示为 Dk(C)=P。大数据信息的特点是存储密度较大,计算强度大,需要较大规模的并行存储和处理能力。基于并行计算的大数据信息加密技术当前还处于初级研究阶段,但其超强的计算能力和迅速的处理能力在大数据信息加密方面已经表现出了优越的性能。大数据信息加密技术在未来会进一步与云计算、数据挖掘技术、搜索技术和数据消冗技术等结合获得快速发展,其加密的安全性会越来越好,加密速度更快,能耗更加节约,更加容易扩展,有着更好的交互性和时效性。

（2）认证技术

大数据时代背景下,身份认证是指网络中或者信息系统中确认用户身份的过程。身份认证又可称为身份识别,其主要目的是证实用户的真实身份与其声称的身份是否相符的过程。身份识别是在后续交互中对其标识符的一个证明过程,一般是用交互协议来实现的。身份识别技术一般有基于物理形式的身份识别技术和基于密码技术两大类。基于物理形式的身份识别技术又可分为基于口令的识别和基于用户特征的识别等技术,口令的识别一般是要求验证方提示证明方输入口令,证明方输入后由验证方进行真伪识别,该识别技术一般容易造成口令泄露和口令猜测等弱点,很容易造成密码被盗取。基于用户特征的识别指的是收集用户行为和设备行为数据,并对这些数据进行分析,获得用户行为和设备行为的特征,进而通过鉴别操作者行为及其设备行为来确定其身份。数据可分为静态数据及动态数据,静态数据主要是指诸如报表和文档等不参与实际计算的数据。而动态数据则需要参与实际计算的数据。动态加密方面,如果加密操作为 E,明文为 m,加密得 e,即 $e=E(m)$,$m=E'(e)$。该加密算法是当前密码学领域研究的热点问题。

网络大数据时代,随着网络用户行为信息的不断增加,这类信息经过恶意收集、挖掘以及可视化,可能会导致个人隐私信息的泄露。此外,未经过处理的共享数据信息也是当前数据信息容易造成泄露的一方面,数据信息的安全性面临着巨大的风险和威胁。同时,数据信息的复杂性加深了数据加密和认证的难度,采用传统的加密算法和认证技术已很难解决安全问题,针对该难度采用 RHSP 算法。RHSP 算法既具有抗量子计算,又能同时满足加密与认证,能很好地解决数据信息安全的问题。

2. 大数据隐私保护技术

大数据隐私保护技术为大数据提供离线与在线等应用场景下的隐私保护,防止攻击者将属性、记录、位置和特定的用户个体联系起来。隐私保护需求主要有用户身份隐私保护技术、属性隐私保护、社交关系隐私保护与轨迹隐私保护等多个方面。大数据隐私保护技术主要包括关系型数据隐私保护、社交图谱数据隐私保护、位置轨迹数据隐私保护以及差分隐私等多个方面,如图8.9所示。

关系型数据隐私保护方面,常见的保护方案是通过数据扰动、泛化和分割分布等来模糊用户的其

图 8.9　大数据隐私保护技术

他特征,使得具有相同的敏感属性、记录和位置的相似用户有多个。通过这种方式,攻击者无法确定个体用户的真实属性和位置,从某种程度上可以保护用户隐私安全。

社交图谱数据隐私保护方面,在社交网络场景中,用户信息不仅包含单纯的属性数据,还包含社交关系数据,在图连接信息丰富的社交网络中,攻击者可以通过对目标用户的邻居社交关系所形成的独特结构重识别出用户。因此,在图数据匿名方案中,采用属性—社交网络模型描述用户属性数据和社交关系数据,通过在匿名过程中添加一定程度的抑制,置换或者扰动,使得匿名前后的社交结构发生变化,降低攻击者精准识别目标的成功率。

位置轨迹数据隐私保护主要包括面向 LBS(基于位置的服务)应用的隐私保护,面向数据发布的隐私保护,基于用户活动规律的攻击分析等。其中,面向 LBS 应用的隐私保护需要对用户所提交的实时位置信息进行匿名化处理;面向数据发布的隐私保护主要的保护方法包括针对敏感位置、用户轨迹、轨迹属性等多类数据的隐私保护;基于用户活动规律的攻击分析方面,由于用户的地理位置空间属性在抽象后可成为用户的标准标识符信息,攻击者可将目标用户的活动规律以具体模型量化描述,进而重新识别出匿名用户,并推测用户隐藏的敏感位置,预测用户轨迹。轨迹隐私保护要求对用户的真实位置进行隐藏,不将用户的敏感位置和活动规律泄露给恶意攻击者,从而保护用户的安全。

差分隐私方面主要包括基本差分隐私、本地差分隐私和基于差分隐私的轨迹保护等。其中,差分隐私主要是为了避免隐私保护技术对数据可用性造成的损失和影响数据挖掘结果而提出的,通过差分隐私技术约束用户隐私泄露程度,同时,还可以尽量保证数据挖掘结果的可用性。本地差分隐私是指用户在本地将要上传的数据提前进行随机化处理,使其满足本地差分隐私条件后,再上传给数据采集者。本地差分隐私可以很好地解决数据采集中的隐私保护。基于差分隐私的轨迹保护方面,经过差分隐私保护技术处理后的用户轨迹数据可在有效保护用户隐私的前提下安全发布。

8.5　大数据未来展望

大数据已经成为时代发展的产物,在未来会对科学研究、思维方式、社会发展产生重要且深远的影响。在科学研究方面,大数据使得人类科学研究从早期的实验、理论、计算三种范式之后直接进入到新的范式,即数据。在思维方式方面,大数据时代的思维主要有总体思维、容错思维、相关思维和智能思维,思维方式正在从传统的样本思维逐步转变为总体思维,从而能够更加全面、立体、系统地认识总体状况。在社会发展方面,大数据决策逐渐成为一种新的决策方式,大数据应用有力地促进了大数据技术与多个行业领域的深度融合。

2019 年 12 月,中国信息通信研究院发布了《大数据白皮书(2019)》,该白皮书探讨了大数据技术、产业、应用、安全及数据资产管理等多方面的发展呈现出了新的趋势,提出了全球大数据的发展仍处于活跃阶段,大数据底层技术逐步成熟,大数据产业规模平稳增长,大数据企业加速增长,数据合规要求日益严格,融合成为大数据技术发展的重要特征,大数据技术正逐步成为支撑型的基础设施,其发展方向也开始向提升效率转变,逐步向个性化的上层应用聚焦,技术的融合趋势愈发明显。随着大数据应用的逐步深入,场景愈发丰富,数据平台开始承载人工智能、物联网、视频转码、复杂分析、高性能计算等多样性的任务负载,同时,数据复杂度不断提升,以高维矩阵运算为代表的新型计算范式具有粒度更细、并行更强、高内存占用、高宽带需求、低延迟高实时性特点。大数据的工具和技术栈已经相对成熟,大公司在实战经验中围绕工具与数据的生产链条、数据的管理和应用等逐渐形成了能力聚合,并通过这一概念来统一数据资产的视图和标准,提供通用数据的加工、管理和分析能力。数据能力集成的趋势打破了原有企业内的复杂数据结构,使数据和业务更贴近,并能更快地使用数据驱动决策。

大数据产业蓬勃发展,融合应用不断深化,大数据技术产品水平持续提升,大数据行业应用不断深化,电信行业方面,电信运营商拥有丰富的数据资源,除了传统经营模式下存在于 BOSS、CRM 等经营系统的结构化数据,还包括移动互联网业务经营形成的文本、图片、音视频等非结构化数据。金融行业方面,随着金融监管日趋严格,通过金融大数据规范行业秩序并降低金融风险逐渐成为金融大数据的主流应用场景。互联网营销方面,随着社交网络用户数量的不断扩张,利用社交大数据来做产品口碑分析、用户意见收集分析、品牌营销和市场推广等"数字营销"应用,未来将是大数据应用的重点。

大数据时代,大数据与人工智能、5G、区块链、物联网、云计算等新一代的新技术融合发展日益密切,特别是区块链技术,一方面区块链可以在一定程度上解决数据确权难、数据孤岛严重、数据垄断等,另一方面隐私计算技术等大数据技术也反过来促进了区块链技术的完善。此外,数据资产化步伐稳步推进,数据资产管理理论体系仍在发展,各行业积极实践数据资产管理,数据资产管理工具百花齐放,数据安全合规要求不断提升,数据相关法律监管日趋严格规范,数据安全技术助力大数据合规要求落地,数据安全标准规范体系不断完善。围绕技术、应用、治理三个方面对大数据发展进行了展望。技术方面,数据与智能的融合、软件与硬件的融合将带动大数据技术向异构多模、超大容量和超低延时等方向拓展;应用方面,大数据行业应用正在从消费端向生产端延伸,从感知型应用向预测型、决策型应用发展;治理方面,随着国家数据安全法律制度的不断完善,各行业的数据治理也将深入推进,数据的采集、使用、共享等环节的乱象得到遏制,数据的安全管理成为各行各业自觉遵守的底线,数据流通与应用的合规性将大幅提升,健康和可持续的大数据发展环境逐步形成。

练 习 题

一、填空题

(1) 大数据是云计算范畴内_____的应用,大数据体现的是_____,云计算体现的是_____,云计算是大数据的_____。

(2) 云计算具有_____能力、_____、_____、按需提供_____、可用性高等特点。

二、选择题

(1) 云计算的服务模式有(　　)。

    A. 基础设施即服务(IaaS)　　　　　　　　B. 平台即服务(PaaS)

　　C. 软件即服务(SaaS)　　　　　　　D. 大数据服务

（2）大数据隐私保护技术有(　　)。

　　A. 关系数据隐私保护　　　　　　　B. 位置轨迹隐私保护

　　C. 差分隐私　　　　　　　　　　　D. 社交图谱隐私保护

三、简答题

简要地介绍一下大数据未来的发展。

参 考 文 献

[1] 刘鹏. 大数据导论[M]. 北京：清华大学出版社,2018.

[2] 李联宁. 大数据技术及应用教程[M]. 北京：清华大学出版社,2016.

[3] 林子雨. 大数据导论[M]. 北京：高等教育出版社,2020.

[4] 赵玺. 大数据技术基础[M]. 北京：机械工业出版社,2020.

[5] 安俊秀. 大数据导论[M]. 北京：人民邮电出版社,2020.

[6] 程显毅. 大数据技术导论[M]. 北京：机械工业出版社,2020.

[7] 郭清溥. 大数据基础[M]. 北京：电子工业出版社,2020.

[8] 曹洁. 大数据技术[M]. 北京：清华大学出版社,2020.

[9] 段竹. 大数据基础与管理[M]. 北京：清华大学出版社,2016.

[10] 赵眸光. 数据管理与数据工程[M]. 北京：清华大学出版社,2017.

[11] 黄史浩. 大数据原理与技术[M]. 北京：人民邮电出版社,2018.

[12] 喻梅. 数据分析与数据挖掘[M]. 北京：清华大学出版社,2018.

[13] 肖政宏. 大数据技术与应用[M]. 北京：清华大学出版社,2020.

[14] 巴曙松. 大数据通识[M]. 北京：机械工业出版社,2020.

[15] 薛志东. 大数据技术基础[M]. 北京：人民邮电出版社,2018.

[16] 武志学. 大数据导论[M]. 北京：机械工业出版社,2019.

[17] 杨治明. Hadoop 大数据技术与应用[M]. 北京：人民邮电出版社,2019.

[18] 张尧学. 大数据导论[M]. 北京：机械工业出版社,2018.

[19] 娄岩. 大数据技术概论[M]. 北京：清华大学出版社,2017.

[20] EMC Education Services. Data Science and Big Data Analytics[M]. 北京：人民邮电出版社,2020.

[21] 朱福喜. 人工智能[M]. 北京：清华大学出版社,2017.

[22] 刘凡平. 大数据时代的算法[M]. 北京：电子工业出版社,2018.

[23] 伊恩·艾瑞斯. 大数据思维与决策[M]. 北京：人民邮电出版社,2019.

[24] 廉师友. 人工智能技术简明教程[M]. 北京：人民邮电出版社,2018.

[25] 维克托·迈尔·舍恩伯格. 大数据时代[M]. 杭州：浙江人民出版社,2013.

[26] 周苏. 大数据可视化[M]. 北京：清华大学出版社,2016.

[27] 周苏. 大数据导论[M]. 北京：清华大学出版社,2016.

[28] 简祯富. 大数据分析与数据挖掘[M]. 北京：清华大学出版社,2016.

[29] 曾剑平. 互联网大数据处理技术与应用[M]. 北京：清华大学出版社,2017.

[30] 林子雨. 大数据技术原理与应用[M]. 北京：人民邮电出版社,2017.

[31] 李天目. 大数据云服务技术架构与实践[M]. 北京：清华大学出版社,2016.

[32] 黄源. 大数据分析——Python 爬虫、数据清洗和数据可视化[M]. 北京：清华大学出版社,2020.

[33] 陈为. 数据可视化的基本原理与方法[M]. 北京：科学出版社,2013.

[34] 黄源. 大数据可视化技术与应用[M]. 北京：清华大学出版社,2020.

[35] 王绍锋. Python 程序设计基础教程[M]. 北京：人民邮电出版社,2019.

[36] 张健. Python 编程基础[M]. 北京：人民邮电出版社,2018.

[37] 陈军君. 中国大数据应用发展报告[M]. 北京：社会科学文献出版社,2019.

[38] 黄恒秋. Python 大数据分析与挖掘实践[M]. 北京：清华大学出版社,2020.

[39] 王融. 大数据时代数据保护与流动规则[M]. 北京：人民邮电出版社,2017.

[40] 王振武. 大数据挖掘与应用[M]. 北京：清华大学出版社,2017.

[41] 陈志泊. 数据库原理及应用教程[M]. 北京：人民邮电出版社,2017.

[42] 王国胤. 大数据挖掘机应用[M]. 北京：清华大学出版社,2017.

[43] 张重生. 大数据分析[M]. 北京：机械工业出版社,2017.

[44] 杨尊琦. 大数据导论[M]. 北京：机械工业出版社,2018.

[45] 石胜飞. 大数据分析与挖掘[M]. 北京：人民邮电出版社,2018.

[46] 黄宜华. 深入理解大数据[M]. 北京：机械工业出版社,2014.

[47] 汤羽. 大数据分析与计算[M]. 北京：清华大学出版社,2018.

[48] 郭胜. 数据库系统原理及应用[M]. 北京：清华大学出版社,2018.

[49] 安俊秀. 云计算与大数据技术应用[M]. 北京：机械工业出版社,2020.

[50] 李俊杰. 大数据技术与应用基础项目教程[M]. 北京：人民邮电出版社,2017.

[51] 朱洁. 大数据架构详解[M]. 北京：电子工业出版社,2016.

[52] 吕云翔. 云计算与大数据技术[M]. 北京：清华大学出版社,2018.

[53] 刘志成. 云计算技术与应用基础[M]. 北京：人民邮电出版社,2017.

[54] 王鹏. 云计算与大数据技术[M]. 北京：人民邮电出版社,2014.

[55] 肖伟. 云计算平台管理与应用[M]. 北京：人民邮电出版社,2017.

[56] 井底望天. 区块链与大数据[M]. 北京：人民邮电出版社,2017.

[57] 林伟伟. 云计算与大数据技术理论及应用[M]. 北京：清华大学出版社,2019.

[58] 郑云文. 数据安全架构设计与实践[M]. 北京：机械工业出版社,2019.

[59] 徐计,王国胤,于洪. 基于粒计算的大数据处理[J]. 计算机学报,2015,38(8):1497-1517.

[60] 林子雨. 大数据基础编程、实验和案例教程[M]. 北京：清华大学出版社,2020.

[61] 冯登国. 大数据安全与隐私保护[M]. 北京：清华大学出版社,2018.

[62] 金海. 大数据处理[M]. 北京：高等教育出版社,2018.